U0221599

国家科学技术学术著作出版基金资助出版

Web 服务组合的应用可靠性研究

贾志淳　邢　星　著

ZHEJIANG UNIVERSITY PRESS
浙江大学出版社

图书在版编目(CIP)数据

Web 服务组合的应用可靠性研究 / 贾志淳，邢星著
. —杭州:浙江大学出版社，2019.9(2020.9 重印)
ISBN 978-7-308-19527-0

Ⅰ. ①W… Ⅱ. ①贾… ②邢… Ⅲ. ①网络服务器—研
究 Ⅳ. ①TP393.092.1

中国版本图书馆 CIP 数据核字(2019)第 195549 号

Web 服务组合的应用可靠性研究
贾志淳　邢　星　著

责任编辑	潘晶晶　殷晓彤
责任校对	刘　郡
封面设计	周　灵
出版发行	浙江大学出版社
	(杭州市天目山路 148 号　邮政编码 310007)
	(网址:http://www.zjupress.com)
排　版	杭州朝曦图文设计有限公司
印　刷	广东虎彩云印刷有限公司绍兴分公司
开　本	710mm×1000mm　1/16
印　张	14.75
字　数	215 千
版 印 次	2019 年 9 月第 1 版　2020 年 9 月第 3 次印刷
书　号	ISBN 978-7-308-19527-0
定　价	96.00 元

作者简介：

贾志淳,博士,副教授,硕士生导师,主要从事云计算技术、Web 服务组合、服务故障诊断等方面的研究。在多种学术刊物和国际学术交流会上发表论文 40 多篇,出版学术著作 1 部,申请软件著作权 7 项,授权专利 9 项,主持国家级项目 1 项、省部级项目 1 项,参与国家级、省部级项目共 8 项。

邢星,博士,副教授,硕士生导师,主要从事数据挖掘、社交网络、控制理论与方法等方面的研究。在多种学术刊物和国际学术交流会上发表论文 40 多篇,出版学术著作 1 部,申请软件著作权 6 项,授权专利 9 项,主持国家级项目 1 项、省部级项目 1 项,参与国家级、省部级项目共 7 项。

前　言

近年来,随着 Web 服务技术的逐渐成熟以及云计算产业的不断发展,大数据时代已经到来,这不断促使 Web 服务组合研究从理论研究走向现实应用。如何为用户提供高质量的、准确的面向服务的分布式计算已成为企业和研究人员关注的主要问题。在 Web 服务组合从创建到实际使用的整个过程中,服务的发现、组合、监控等环节均面临着诸多挑战。解决这些问题的根本就是要建立一个可靠性机制,从建模、验证、监测、诊断等各个环节确保组合服务的高效、正确执行,以提高应用服务的质量,改善用户体验。本书在广泛调研和充分论证的基础上,结合当前 Web 服务的国内外研究现状,从体系结构、组合服务的建模、组合兼容性验证、故障诊断等几方面阐述目前组合服务研究中存在的问题并提出有效的解决方案,力图建立一个有效的服务可靠性机制。

本书共分为 5 章。第 1 章对 Web 服务和 Web 服务组合进行概述,回顾 Web 服务的发展历程,分析目前 Web 服务面临的挑战。第 2 章介绍面向服务的体系结构及其与 Web 服务之间的关系。第 3 章阐述基于 Pi 演算的组合服务建模过程,在此基础上提出多组合服务交互的兼容性验证方法,针对多组合服务同步交互行为的兼容性验证进行进一步论证。第 4 章提出组合服务的分布式诊断架构,在该框架下,针对可获取的诊断信息的不同,提出基于完备行为描述信息,基于行为描述和历史运行数据的混合信息及基于历史数据的 3 种不同的服务建模和诊断方法。第 5 章针对云计算环境下服务故障诊断面临的新问题,提出一个在开放共享平台下的云服务诊断架构和一个基于服务依赖图的概率统计诊断方法;最后通过设计实现原型系统和仿真环境,利用收集的真实 Web 服务运行数据验证了书中所提出方法的有效性。

本书是国家自然科学基金项目(项目批准号 61603054,61972053),辽宁省教育厅科学研究经费项目(项目批准号 LQ2019016,LJ2019015)和辽宁省自然科学基金指导计划项目(项目批准号 2019-ZD-0505)的成果总结。另外,本书得到诸多学者、专家的支持和帮助,在此表示衷心的感谢。限于作者的水平,书中不当甚至错误之处在所难免,诚恳期待广大读者提出宝贵意见。

作　者
2019 年 9 月

目 录

第 1 章　Web 服务和服务组合

万维网(WWW)的发展已经有将近 30 年的历史。1990 年蒂姆·伯纳斯·李(Tim Berners-Lee)发明了可通过因特网(Internet)获取信息的万维网。最初,万维网仅仅用于被动地发布数据,然后发展为交互地获取所需数据,如今则要求其能根据用户提出的需求进行智能检索以获取信息。

与此同时,万维网的数据表达方式也发生了巨大的变化,由早期仅用于表示数据显示布局的 HTML(Hypertext Markup Language,超文本标记语言),发展演化出将数据的内容与布局区分开来的 XML(eXtensible Markup Language,可扩展标记语言)。XML 为语义更丰富、更自然的网上内容表达打开了新的局面[1]。

针对目前因特网在信息表达、检索等方面存在的缺陷,Tim Berners-Lee 进一步提出了语义网(Semantic Web)的概念。语义网是万维网的智能化版本,它所描述的信息具有明确的含义,从而使得计算机集成万维网上的信息并进行自动处理变得更为容易,目前该领域是国内外学术界的研究重点之一[1]。

1.1　什么是 Web 服务

Web 服务是语义网的关键应用研究领域之一,它通过万维网发布、定位和调用,是独立的、自描述的、模块化的应用。Web 服务作为一种新的分布

1

式计算模型,能够在各种异构平台的基础上构筑一个通用的、与平台无关的、与语言无关的技术层,使各种不同平台上的应用方便地连接和集成[2]。Web 服务可以执行从简单的请求到错综复杂的商业处理过程的任何功能,能够使两个应用彼此进行交谈而不需要考虑它们的起点或起源装置。通过使用基于标准的协议(如 HTML 和 HTTP),能够使不同的程序、不同的语言(如 Java 和 Visual Basic)在不同的平台上(如 Windows、UNIX 和 Linux)通过各自的语言进行通信,并且它们之间不需要硬连接或软代码就能够实现互操作。近年来,随着 Internet 在各个领域应用的普及和深化,人们迫切需要能够方便实现 Internet 上跨平台、语言独立、松散耦合(简称"松耦合")的异构应用的交互和继承,Web 作为一种新的技术应运而生,提出了面向服务的分布式计算模式。然而,如何使 Web 服务真正进入实用的阶段,使 Web 服务实现跨组织、跨管理域的系统集成和自动交互,还面临着诸多的问题,其中一些问题在传统的中间件应用中得到了解决,而另外一些则是新问题[3]。

1.1.1　Web 服务定义

Web 服务(Web Service)作为一种崭新的分布式计算模型,已经被业界称为继 PC(Personal Computer,个人计算机)和 Internet 之后,计算机技术的第三次革命。它完全基于用于描述的 WSDL(Web Service Description Language,Web 服务描述语言)、用于注册和发现的 UDDI(Universal Description, Discovery and Integration,通用描述、发现与集成)协议、用于保障服务安全的 WS-Security(Web 服务安全)、用于通信的 SOAP(Simple Object Access Protocol,简单对象访问协议)以及其他的一系列相关的开放标准协议,是 Web 上数据和信息集成的有效机制。

Web 服务可以从多个角度来描述。从技术方面讲,Web 服务是可以被 URI(Universal Resource Identifier,统一资源标识符)识别的应用软件,其接口和绑定由 XML 描述和发现,并可与其他基于 XML 消息的应用程序交互; Web 服务是基于 XML 的,采用 SOAP 的一种软件互操作的基础设施。从功能角度讲,Web 服务是一种新型的 Web 应用程序,具有自包含、自描述及模块化的特点,可以通过 Web 发布、查找和调用实现网络调用;Web 服务是基于 TCP/IP(Transmission Control Protocol/Internet Protocol,传输控制协议/互联网协议)、HTTP(Hypertext Transfer Protocol,超文本传送协议)、XML 等规范而定义的,具备如下功能:Web 上链接文档的浏览,事务的自动调用,服务的动态发现和发布。从应用的层面来说,Web 服务是用于集成应用的,将原有的面向对象、面向组件的软件系统,改造为基于消息、面向服务的松散耦合系统或者构建新的松散耦合系统的一种协作设施。从组成框架及实现目标的角度讲,Web 服务作为一种网络操作,能够利用标准的Web 协议及接口进行应用间的交互。从网格计算的角度看,Web 服务能用于 Web 上的资源发现、数据管理,以及网格计算平台上异构系统的协同设计,提出了网格服务的新概念。

目前,不同的组织对 Web 服务的概念有着不同的理解及认识。

国际标准化组织 W3C(World Wide Web Consortium,万维网联盟):Web 服务是一个通过 URL(Uniform Resource Locater,统一资源定位符)识别的软件应用程序,其界面及绑定能用 XML 文档来定义、描述和发现,使用基于 Internet 协议上的消息传递方式与其他应用程序进行直接交互[2]。

Microsoft(微软):Web 服务是为其他应用提供数据和服务的应用逻辑单元,应用程序通过标准的 Web 协议和数据格式获得 Web 服务,如 HTTP、XML 和 SOAP 等,每个 Web 服务的实现是完全独立的[2]。Web 服务具有基于组件的开发和 Web 开发两者的优点,是 Microsoft 的.NET 程序设计模式的核心。

IBM(International Business Machines Corporation,国际商业机器公司):Web 服务是一种自包含、自解释、模块化的应用程序,能够被发布、定位,并从 Web 上的任何位置进行调用。Web 服务可以执行从简单的请求到错综复杂的商业处理过程的任何功能。理论上来讲,一旦对 Web 服务进行了部署,其他 Web 服务应用程序就可以发现并调用已部署的服务。

市场研究公司 Forrester 以一种更加开放的方法将 Web 服务定义为人、系统和应用之间的自动连接,这种连接能够实现将业务功能元素转变为软件服务,并且创造新的业务价值。Web 服务是基于网络的、分布式的模块化组件,它执行特定的任务,遵守具体的技术规范,这些规范使得 Web 服务能与其他兼容的组件进行互操作[4]。

全球最具权威的信息技术(Information Technology,IT)研究与顾问咨询公司 Gartner 将 Web 服务定义为:松散耦合的软件组件,这些组件动态地通过标准的网络技术与另一个组件进行交互[4]。

UDDI 规范中提到:所谓 Web 服务,是指由企业发布的完成其特别商务需求的在线应用服务,其他公司或应用软件能够通过 Internet 来访问并使用这项应用服务[5]。

从这些观点我们也可以看出,这些定义各有侧重,但有几点是一致的。首先,Web 服务是由企业驱动和应用驱动产生的;其次,它具有分布性、松散耦合、可复用性、开放性以及可交互性等特性;最后,Web 服务的最大优点是它基于开放的标准协议,可实现异构平台之间的交互。

1.1.2　Web 服务特点

Web 服务作为一种特殊的服务,继承了服务的自治性、开放性、自描述性和实现无关性。然而,作为一种特殊的服务,Web 服务又有其自身的特点,那就是简单、跨平台、松散耦合,其优点是增强了服务间的互操作性,能够及时整合,降低了封装的复杂性,使遗留系统获得新生。与传统的集中式系统和客户-服务器环境相比,Web 服务环境更具动态性和分布性。

(1)普遍性:Web 服务使用 HTTP 和 XML 进行通信,因此任何支持这些技术的设备都可以拥有和访问 Web 服务。

(2)完好的封装性:Web 服务是一种部署在 Web 上的对象,具备对象的良好封装性,即其中任何一个组件发生改变时,不需要修改其他组件来体现这种变化,它们之间的变化对对方来说是透明的。对调用者来说,只要 Web 服务的调用接口不变,Web 服务实现的任何变更对他们来说都是透明的。对于使用者而言,他能且仅能看到该对象提供的功能列表,甚至当 Web 服务的实现平台从 J2EE(Java 2 Platform, Enterprise Edition;Java2 平台,企业版)迁移到.NET 或者反向迁移时,用户都可以对此一无所知。其实现的核心在于使用 XML/SOAP 作为消息交换协议,也就是说 Web 服务因此具有语言的独立性。作为 Web 服务,其协约必须使用开放的标准协议(比如 HTTP、SMTP 等)进行描述、传输和交换。这些标准协议应该完全免费,以便由任意平台都能够实现。一般而言,绝大多数规范将最终由 W3C 或 OASIS(Organization for the Advancement of Structured Information Standards,结构信息标准化促进组织)作为最终版本的发布方和维护方,因此 Web 服务也拥有了平台独立性。

(3)复用性:Web 服务对象内封装的都是一些通用功能,因此也具有高度的复用性。

(4)互操作性:任何 Web 服务之间都可以进行交互。由于有了 SOAP 这个所有主要供应商都支持的新标准协议,所以避免了在 CORBA(Common Object Request Broker Architecture,通用对象请求代理体系结构)、DCOM (Distributed Component Object Model,分布式构件对象模型)和其他协议之间需要转换的麻烦,并且可以使用任何程序语言来编写 Web 服务,节约了编程者的开发成本。

(5)松散耦合性:Web 服务这一特征源于对象/组件技术。当一个 Web 服务的实现发生变更时,调用者是不会感到这一点的。对于调用者来说,只要 Web 服务的调用界面不变,Web 服务实现的任何变更对他们来说都是透明的。对于松散耦合而言,尤其是在 Internet 环境下的 Web 服务而言,需要有一种适合 Internet 环境的消息交换协议,而 XML/SOAP 正是目前最为适合的消息交换协议。

(6)高度可集成性:无论 Web 服务建立在何种软件平台之上或用何种语言编写,都可以与其他 Web 服务实现当前环境下最高的可集成性。这是由于 Web 服务采取简单的、易理解的标准 Web 协议作为组件界面描述和协同描述规范,完全屏蔽了不同软件平台的差异,无论是 CORBA、DCOM,还是 EJB(Enterprise Java Bean,企业 Java 组件),都可以通过这一种标准的协议进行互操作,实现了在当前环境下最高的可集成性。

(7)使用协议的规范性:这一特征来自于对象,但相比一般的对象,其界面更加规范化并易于被机器理解。首先,作为 Web 服务对象界面所提供的功能应当使用标准的描述语言来描述(比如 WSDL)。其次,由标准描述语言描述的服务界面应当是能够被发现的。因此,这一描述文档需要被存储在私有的或公共的注册库里面。同时,使用标准描述语言描述的使用协议不仅仅限于服务界面,它将被延伸到 Web 服务的聚合、跨 Web 服务的事务、工作流等,而这些又都需要服务质量(Quality of Service,QoS)的保障。安全机制对于松散耦合的对象环境十分重要,因此,需要对诸如授权认证、数据完整(比如签名机制)、消息源认证以及事务的不可否认性等运用规范的方法进行描述、传输和交换。最后,所有层次上的处理都应当是可管理的,因此需要对管理协议运用同样的机制。

(8)基于文本的简单性和自描述性:Web 服务以 XML 技术为基础,而 XML 是基于文本的,并且具有自我描述能力。

(9)行业支持:所有主要的供应商都支持 SOAP 和 Web 服务技术。

1.1.3　Web 服务关键技术

1.1.3.1　可扩展标记语言(XML)

可扩展标记语言(XML)是 W3C 于 1998 年推荐使用的作为 Internet 上数据交换和表示的标准语言。经过这么多年的发展,XML 已经被广泛地接受为用于不同计算机系统的互操作性解决方案。图 1.1 是 XML 的一个简单实例。从图 1.1 可以看出,XML 可以很好地描述数据的结构。尽管 XML 也存在一些不足,但是由于其良好的性能已经被广为接受,所以现在是处理软件互操作性的最佳解决方案。Web 服务所提供的接口、对 Web 服务的请求、Web 服务的应答数据都是通过 XML 描述的,并且 Web 服务的所有协议都建立在 XML 基础之上。因此,XML 被称为 Web 服务的基石,是 Web 服务中表示和封装数据的基本格式。

```
<? xml version = "1.0"encoding = "UTF-8"? >
    <roster>
        <student>
        <number>20170325</number>
        <name>李立</name>
        <sex>女</sex>
        <phone>13900160101</phone>
        <major>计算机</major>
        </student>
        ......
    </roster>
```

图 1.1 XML 实例

客户端和服务器能即时处理多种形式的信息,当客户端向服务器发出不同的请求时,服务器只需将数据封装进 XML 文件中,由用户根据自己的需求选择和制作不同的应用程序来处理数据。这不仅减轻了 Web 服务器的负担,也大大减少了网络流量。与 HTML 相比,XML 文件具有如下特点。

(1)格式规范:XML 文档属于格式规范的文件。HTML 文件中的标记,有些是不需要结尾标记的,有些网页缺少若干结尾标记,照样能正确显示。而 XML 的标记一定要有结尾标记,即 XML 标记一定是成双成对的。

(2)具有验证机制:XML 的标记是程序员自己定义的,标记的定义和使用是否符合语法需要验证。XML 有两种验证方法:一种是 DTD(Document Type Definition,文档类型定义),它是一个专门的文件,用来定义和检验 XML 文档中的标记;另一种是 XML Schema,用 XML 语法描述,它比 DTD 更优越,多个 Schema 可以复合使用 XML 名称空间,可以详细定义元素的内容及属性值的数据类型。

(3)Web 应用灵活:在 XML 中数据和显示格式是分开设计的,XML 元数据文件就是纯数据的文件,可以作为数据源向 HTML 提供显示的内容,显示样式可以随 HTML 的变化而丰富多彩。也就是说,HTML 描述数据的外观,而 XML 描述数据本身,是文本化的小型数据库表达语言。HTML 数据和显示格式混在一起,显示出一种样式。XML 采用的标记是自己定义的,这样数据文件的可读性就能大大提高,也不再局限于 HTML 文件中的那些标准标记了。由于 XML 是一个开放的基于文本的格式,它可以和 HTML一样使用 HTTP 进行传送,不需要对现存的网络进行改变。数据一旦建立,XML 就能被发送到其他应用软件、对象或者中间层服务器中做进一步的处理,或者可以被发送到桌面用浏览器浏览。

(4)显示样式丰富:XML 数据定义打印、显示排版信息主要有 3 种方法。用 CSS(Cascading Style Sheet,串联样式表)定义打印和显示排版信息,用 XSLT(eXtensible Stylesheet Language Transformation,扩展样式表转换语言)转换到 HTML 进行显示和打印,用 XSLT 转换成 XSL(eXtensible Stylesheet Language,可扩展样式表语言)的 FO(Formatter Object,格式化对象)进行显示和打印。这些方法可以显示出丰富的样式,呈现漂亮的网页。

(5)电子数据交换格式:XML 是为互联网的数据交换而设计的,它不仅是 SGML(Standard General Markup Language,标准通用标记语言)定义的用于描述的文档,而且在电子商务等各个领域使数据交换成为可能。XML能够应用于各种领域的原因,就是它具有到目前为止其他方法所不具备的数据描述特点,控制信息不是采用应用软件的独有形式,而是采用谁都可以看得懂的标记形式来表现,所以 XML 最适合作为数据交换的标准,这也是XML 受人关注的原因。用 XML 可以对数据关系进行定义,形成特有的标准,因此,各行各业都在建立自己的行业化标准,以应用于网络上电子商务的处理,把后台系统通过 Web 站点表现出来。在特定的企业之间或在业界归纳出一套标记集合,即约定用一套特定的 XML 应用语言作为交流工具是很有价值的。XML 还可以作为数据仓库。一个 XML 文档就是一个小的数据库,通过对数据关系的定义形成各种关系、属性的数据,实现数据交换、上下文检索、多媒体传输等。

(6)数据处理便捷:XML 是以文本形式来描述的一种文件格式。使用标记描述数据,可以具体指出开始元素(开始标记)和结束元素(结束标记),在开始和结束元素之间是要表现的元素数据,这就是用元素表现数据的方法。标记可以嵌套,因而可以表现层状或树状的数据集合。XML 作为数据库,既具有关系型数据库(二维表)的特点,也具有层状数据库(分层树状)的特点,能够更好地反映现实中的数据结构。XML 还可以很方便地与数据库中的表进行相互转换。XML 是不同数据结构体的文本化描述语言。它可以描述线性表、树、图形等数据结构,也能描述文件化的外部数据结构,因此是一种通用的数据结构。XML 使计算机能够很简易地存储和读取资料,并确保数据结构精确。由于 XML 是以文本形式描述的,所以适合于各种平台环境的数据交换。同样,由于使用文本来描述内容,XML 可以越过不同平台的障碍进行正常的数据交换。当然,文本形式也可能因为文字代码的不同造成不能阅读的问题,但在这一点上,XML 有着非常完美的解决方案,避免了一般语言设计的缺陷,它可支持国际化及地区化的文字编码。

(7)面向对象:XML 的文件是树状结构的,同时也有属性,这非常符合面向对象的编程,而且也体现出对象方式的存储,Oracle 数据库就使用了这种面向对象的特性。XML 是信息的对象化语言。DTD 和 Schema 是界面或类(Interface 或 Class),XML 是对象实例(Object),XSL 是方法和实现(Method 和 Implement)。XML-Data 解决了 XML 类的继承问题,而 XML 中的资源(URI)寻址(URL)、物理实体等又构成了信息的组件(Component)。XML 的资源描述框架(Resource Description Framework,RDF)是信息导航、浏览、搜索的用户界面(User Interface,UI)标准。

(8)开放的标准:XML 基于的标准是为 Web 进行过优化的。Microsoft 公司和其他一些公司以及 W3C 中的工作组正致力于确保 XML 的互用性,以及为开发人员、处理人员和不同系统及浏览器的使用者提供支持,并进一步发展 XML 的标准。由于 XML 彻底把标记的概念同显示分开,处理者能够在结构化的数据中嵌套程序化的描述以表明如何显示数据。这是令人难以相信的强大机制,使得客户计算机同使用者间的交互作用尽可能地减少了,同时减少了服务器的数据交换量,缩短了浏览器的响应时间。另外,XML 使个人数据只能通过更新布告发生变化,减少了服务器的工作量,大大增强了服务器的升级性能。XML 是信息高层封装与运输的标准。因此,XML 也是不同应用系统之间的数据接口标准,是所有信息的中间层表示,是中间层应用服务器(Application Server,AS)的通用数据接口,甚至可以用于数据库技术的数据迁移过程、数据库报告格式中。

(9)选择性更新:通过 XML,数据可以在选择的局部小范围内更新。每当一部分数据变化后,不需要重发整个结构化的数据。变化的元素必须从服务器发送给客户,变化的数据不需要刷新整个使用者的界面就能够显示出来。以往只要一条数据变化了,整个页面都必须重建,这严重限制了服务器的升级性能。XML 也允许添加新的数据和更改原有的数据。加入的信息能够流入存在的页面,不需要浏览器发布一个新的页面。

(10)技术大家族:XML 是一套完整的方案,有一系列相关技术,包括文件数据验证、显示输出、文件转换、文档对象和链接等。

另外,XML 可以简化数据交换,支持智能代码和智能搜索。软件开发人员可以使用 XML 创建具有自我描述性的数据文档。除了上述特性之外,XML 主要还有与平台无关、与厂商无关的特点。

世界上永远不会出现完美的语言,XML 也一样,它也存在一些缺陷。第一,它是树状存储的,虽然搜索的效率极高,但是插入和修改比较困难。第二,XML 的文本表现手法、标记的符号化等会导致 XML 数据以二进制方式表示的数据量增加,尤其是当数据量很大时,效率成为很大的问题。第三,XML 文档作为数据提供者使用,没有数据库系统那样完善的管理功能。第四,由于 XML 是元置标语言,任何个人、公司和组织都可以利用它定义新的标准,这些标准间的通信就成了巨大的问题。因此,人们在各个领域形成一些标准化组织以统一这些标准,但是这些努力并不一定能够得到理想的结果。

1.1.3.2　简单对象访问协议(SOAP)

SOAP 是一个基于 XML 的、通过 HTTP 在松散分布式环境中交换结构化信息的轻量级协议,是一种信息发送的格式,用于应用程序之间的通信。它为在一个松散的、分布的环境中使用 XML 对等地交换结构化的和类型化的信息提供了一个简单的轻量级机制。SOAP 本身并不定义任何应用语义,它只是定义了一种简单的机制,通过一个模块化的包装模型和对模块中特定格式编码的数据重编码机制来表示应用语义。SOAP 的这项能力使得它可以被很多类型的系统用于从消息系统到 RPC(Remote Procedure Call,远程过程调用)的延伸。Web 服务使用 XML 格式的消息与客户通信,而 SOAP 标准的核心思想是应该使用一种标准化的 XML 格式对消息进行编码。SOAP 可以运行在任何传输协议上,如 HTTP、简单邮件传送协议(Simple Mail Transfer Protocol,SMTP)等。Web 服务希望实现不同的系统之间能够用软件对软件的方式进行对话,打破了传统的软件应用、网站和各种不同设备间互不相容的状态,实现了基于 Web 的"无缝集成"的目的。

我们可以把 SOAP 这种开放协议简单地理解为:SOAP=RPC+HTTP+XML。在这里,SOAP 采用 HTTP 作为底层通信协议,RPC 作为一致性的调用途径,XML 作为数据传送的格式,允许服务提供者和服务客户经过防火墙在 Internet 进行通信交互。尽管 HTTP 不是高效的通信协议,且 XML 需要额外的文件解析,使得交易的速度大大低于其他方案,但 SOAP 还是使用 HTTP 来传送 XML。因为 XML 是一个开放、健全、有语义的消息机制,而 HTTP 又能避免许多防火墙相关的问题,从而使 SOAP 得到了广泛的应用。

SOAP 规范主要由 4 部分组成:SOAP 信封(Envelop)、SOAP 编码规则(Encoding Rules)、SOAP RPC 表示(RPC Representation)和 SOAP 绑定(SOAP Binding)。SOAP 信封构造定义了一个整体的 SOAP 消息表示框架(如图 1.2),可用于表示消息中的内容是什么,是谁发送的,谁应该接收并处

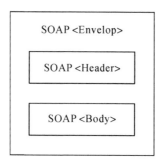

图 1.2　SOAP 消息表示框架

理它,以及这些处理操作是可选的还是必选的等。SOAP 编码规则是一个定义传输数据类型的通用数据类型系统,这个简单类型系统包括程序语言、数据库和半结构数据中不同类型系统的公共特性。它通过定义一个数据的编码机制来定义应用程序中需要使用的数据类型,并可用于交换由这些应用程序定义的数据类型所衍生的实例。SOAP RPC 表示定义了一个用于表示远端过程调用和响应的约定,例如如何使 HTTP 或 SMTP 协议与 SOAP 绑定,如何传输过程调用,在具体传输协议的哪个部分传输过程响应。具体来说,在 RPC 中使用 SOAP 时需要绑定一种协议,可以使用各种网络协议,如HTTP、SMTP 和 FTP(File Transfer Protocol,文件传输协议)等来实现基于 SOAP 的 RPC,一般使用 HTTP 作为 SOAP 的协议绑定。SOAP 通过协议绑定来传送目标对象的 URI,在 HTTP 中的请求 URI 就是需要调用的目标 SOAP 节点的 URI。远程过程调用是一种协议,使用 RPC 的时候,客户端的运行方式是调用服务器上的远程过程,这里的“过程”相当于. NET 中的方法。在早些时候的编程语言中,没有“方法”这个概念,甚至还没有“函数”这个概念,所以被称为“过程”。远程过程调用 RPC 倾向于使 Web 服务的位置透明化。服务器可提供远程对象的接口,客户端使用服务器中的远程方法就像在本地使用这些 Web 服务对象的接口一样,这样就隐藏了 Web 服务的底层实现信息,客户端也不需要知道对象具体指向的是哪台主机。SOAP绑定定义了一个使用底层传输协议来完成在节点间交换 SOAP 信封的约定。SOAP 协议中定义了与 HTTP 的绑定:利用 HTTP 来传送 SOAP 消

息,主要是利用 HTTP 的请求/响应消息模型,将 SOAP 请求的参数放在
HTTP 请求里,将 SOAP 响应的参数放在 HTTP 响应里。虽然上述 4 部分
是作为一个整体定义的,但它们在功能上是彼此独立的,尤其信封和编码规
则是被定义在不同的 XML 命名空间中的,这样更有利于通过模块化获得定
义和实现的简明性。

　　SOAP 规范的核心部分则是消息处理框架。SOAP 消息处理框架定义
了一整套 XML 元素,用以"封装"任意 XML 消息,以便在系统之间传输
(如图 1.3、图 1.4)。该框架包括的核心 XML 元素有 Envelope、Header、
Body 和 Fault。Envelope 元素是 SOAP 消息的根元素,它指明 XML 文档
是一个 SOAP 消息。SOAP 消息的其他部分作为 Envelope 元素的子元素,
被封装在 Envelope 元素之内。Header 元素是包含头部信息的 XML 标签,
是 SOAP 消息中的可选元素。Body 元素是包含所有调用和响应的主体信
息的标签,是 SOAP 消息中的必选元素。Fault 元素是错误信息标签,它必
须是 Body 元素的子元素,且在一条 SOAP 消息中,Fault 元素只能出现
一次。

```
<? xml version = "1.0"? >
    <soap: Envelope
    xmlns: soap = "http://www.w3.org/2001/12/soap-envelope"
    soap: encodingStyle = "http://www.w3.org/2001/12/soap-encoding">

      <soap: Body xmlns:m = "http://www.example.org/stock">
        <m:GetStockPrice>
          <m:StockName>IBM</m:StockName>
        </m:GetStockPrice>
      </soap:Body>

    </soap:Envelope>
```

图 1.3　SOAP 请求实例

```
<? xml version = "1.0"? >
  <soap：Envelope
xmlns：soap = "http：//www.w3.org/2001/12/soap-envelope"
soap：encodingStyle = "http：//www.w3.org/2001/12/soap-encoding">
    <soap：Body xmlns:m = "http：//www.example.org/stock">
      <m:GetStockPriceResponse>
        <m：Price>34.5</m：Price>
      </m:GetStockPriceResponse>
    </soap:Body>
  </soap:Envelope>
```

图 1.4　SOAP 响应实例

在 Web 服务中使用 SOAP 数据格式,这主要是由于 SOAP 的简洁性和通用性。此外,SOAP 还有很多优点,主要包括:①支持跨平台。SOAP 是一段文本代码,所以可以很轻松地在各种不同的平台下使用它,当然也可以在任何一种传送协议中发送 SOAP 内容。②支持标题和扩展名。使用 SOAP 数据时,还可以使用工具很轻松地添加追踪、加密和安全性等特性。③灵活的数据类型。SOAP 允许在 XML 中对数据结构和 DataSet 编码,就像是编程语言中的简单数据类型(如数值型和字符型)一样。

1.1.3.3　Web 服务描述语言(WSDL)

WSDL 是一个基于 XML 的用于描述 Web 服务以及如何访问 Web 服务的语言。简单地说,WSDL 就是一个 XML 文档(如图 1.5),它将 Web 服务定义为一组服务访问点或端口的集合,客户端可以通过这些服务访问点对包含面向文档信息或面向过程调用的服务进行访问。WSDL 服务定义为分布式系统提供了可被机器识别的 SDK(Software Development Kit,软件开发工具包)文档,并且可用于描述自动执行应用程序通信中所涉及的细节。在 WSDL 中,由于服务访问点和消息的抽象定义已从具体的服务部署或数据格式绑定中分离出来,因此可以对抽象定义进行再次使用。这里,消息指对交换数据的抽象描述;端口类型指操作的抽象集合。用于特定端口类型的具体协议和数据格式规范构成了可以再次使用的绑定。将 Web 服务访问地址与可再次使用的绑定相关联,可以定义一个端口,而端口的集合则被定义为服务。

```
<message name = "getTermRequest">
        <part name = "term"type = "xs: string"/>
    </message>

    <message name = "getTermResponse">
        <part name = "value"type = "xs: string"/>
    </message>

    <portType name = "glossary Terms">
      <operation name = "getTerm">
            <input message = "getTermRequest"/>
            <output message = "getTermResponse"/>
      </operation>
    </portType>
```

图 1.5　WSDL 文档的一个简化实例

一个完整的 WSDL 文档包括以下 7 个部分(如图 1.6)。

(1)DataType 元素:Web 服务使用的数据类型,它是独立于机器和语言的类型定义,这些数据类型被<message>标签所使用。

(2)Message 元素:Web 服务使用的消息,是对服务中所支持的操作的抽象描述,它定义了 Web 服务函数的参数。在 WSDL 中,输入参数和输出参数要分开定义,使用不同的<message>标签体标识,<message>标签定

图 1.6　WSDL 文档结构

义的输入、输出参数被＜portType＞标签使用。

（3）PortType 元素：Web 服务执行的操作,该标签引用＜message＞标签的定义来描述函数名(操作名,输入、输出参数)。对于某个访问入口点类型所支持的操作的抽象集合,这些操作可以由一个或多个服务访问点来支持。

（4）Binding 元素：Web 服务使用的通信协议,是特定端口类型的具体协议和数据格式规范的绑定。＜portType＞标签中定义的每一个操作在此绑定实现。

（5）Service 元素：确定每一个＜binding＞标签的端口地址。在上述文档元素中,＜dataType＞、＜message＞、＜portType＞属于抽象定义层,＜binding＞、＜service＞属于具体定义层。所有的抽象可以单独存在于别的文件中,也可以从主文档中导入。

（6）Operation 元素：对服务中所支持的操作的抽象描述,一般单个operation描述了一个访问入口的请求/响应消息对。

（7）Port 元素：该元素被定义为协议/数据格式绑定与具体 Web 访问地址组合的单个服务访问点。

1.1.3.4　通用描述、发现与集成（UDDI）协议

UDDI 是一套基于 Web 的、分布式的、为 Web 服务提供信息注册中心

的实现标准,同时也包含一组使企业能将自身提供的 Web 服务注册,以使得别的企业能够发现服务访问协议的实现标准。简单来说,UDDI 是一种目录服务,企业使用它可以对 Web 服务进行注册和搜索。为了使用 Web 服务,客户当然需要知道相应公司提供的 Web 站点地址或者发现文件的 URL。这个发现文件是非常有用的,它们可以将多个 Web 服务合并到一个单独的列表中,但是它们不允许客户在不了解这个公司的情况下搜索 Web 服务的信息。UDDI 提供了一个数据库来填补这个缺陷,企业可以在这个数据库中发布自己的企业信息、企业的 Web 服务信息、每一个服务的类型,以及与这些服务有关的其他信息和规范的链接。不过即使用户在 UDDI 注册服务中找到了想要的 Web 服务,也只是能得到一个方法定义的集合,文档说明非常少,可以说相当于一个非常简单的 API(Application Program Interface,应用程序接口)参考。

UDDI 主要由 UDDI 模式(UDDI Schema)和 UDDI 应用程序接口(UDDI API)两部分构成。UDDI 模式构成了 Web 服务的注册入口,UDDI 应用程序接口描述了用于发布注册入口或查找注册入口所需的 SOAP 消息。UDDI 模式中包含了 5 种 XML 数据结构,它们构成了一个 UDDI 注册入口。Business Entity 定义了提供服务的企业信息;Business Service 定义了提供的服务,一个 Web 服务可以提供多种服务;Binding Template 提供了 Web 服务的技术规范,主要是协议和数据的交换格式;Tmodel 提供了 Web 服务的存取位置地址,根据此地址可以找到相应的 Web 服务;Publisher Assertion 结构用来描述一个 Business Entity 与其他 Business Entity 之间的关系。UDDI API 主要包含发布 API 和查询 API 两部分。发布 API 定义了一系列的消息,这些消息的执行生成了 UDDI 模式的数据。查询 API 包含两类消息,即查找 Web 服务的消息和一个注册入口的消息。

UDDI 的目标是建立标准的注册中心来加速互联网环境下电子商务应用中企业应用系统之间的集成,它是一个面向基础架构的标准。UDDI 使用一个共享目录来存储企业用于彼此集成的系统界面及服务功能的描述,这些描述都是通过 XML 完成的。从概念上来说,UDDI 注册中心所提供的信息由 3 部分组成(如图 1.7):白页,包括地址、联系方法和企业标识;黄页,包括基于标准分类法的行业类别;绿页,包括该企业所提供的 Web 服务的技术信息,可能是一些指向文件或是 URL 指针,而这些文件或 URL 是为 Web服务发现机制服务的。而在 UDDI 的第二版中新增了对外部分类法的支持(用户可以定义使用的分类方法)及描述企业与企业之间的关联关系的机制(为集团企业的注册奠定了基础)。

图 1.7　UDDI 构成

　　具备 UDDI 能力的企业可以在 Internet 上通过他们首选的企业应用,快速便捷地发现合适的商业实体并实现彼此之间的互操作,这最终将推动企业自身的经济效益。同时,UDDI 也为企业迅疾地参与全球化的 Internet 经济提供了一个方便的发展道路;提供了一个在简单的开放式环境中,循序渐进地描述他们的服务和商业流程的途径;提供了一组规范,使企业能够在Internet 上调用服务并为他们的首选客户提供增值服务。

1.2　Web 服务组合

1.2.1　Web 服务组合的基本概念

　　Web 服务组合是指由各个小粒度的 Web 服务相互之间通信和协作来实现大粒度的服务功能;通过有效地联合各种不同功能的 Web 服务,服务开发者可以借此解决较为复杂的问题,实现增值功能[3]。

　　Web 服务合成的目的是让跨企业流程的无缝整合和交易生命周期具有相同的型态,并且能让许多的 Web 服务使用。当个别的服务受限于它们所提供的功能时,必须以网络流程的形式去组合现存的网络服务以建立新的功能。以流程为基础的 Web 服务是一种新兴的组织内和跨组织的自动化企业流程方法。其组合的目的在于当现实环境所需求的功能变得复杂,单一Web 服务所提供的功能无法满足使用者的需求时,就必须借由 Web 服务的组合来建立新的服务,提供更复杂的功能[6]。

1.2.2　Web 服务组合的研究领域

Web 服务组合并不是一个孤立的问题,它包含了 Web 服务发现、Web服务组合、Web 服务组合验证、Web 服务组合执行与监控、Web 服务组合安全与事务管理等关键问题。Web 服务组合的各个研究领域共同构成了 Web服务组合的研究框架[2](如图 1.8)。

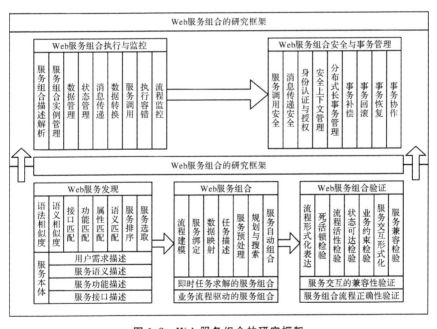

图 1.8　Web 服务组合的研究框架

Web 服务发现是指客户以某种方式在不同类型的 Web 服务中找到其想要的服务,以执行 Web 服务请求。Web 服务发现的传统解决方案是UDDI,即基于关键字匹配和简单分类进行服务发现。在基于关键字的服务发现技术的基础上,人们提出了 TF-IDF(Term Frequence-Inverse Document

Frequency,词频-反文档频率)算法。它是一种评价词汇重要性的统计技术,即越是常用的词汇其影响力越低,这一技术在搜索引擎(例如 Google)中被广泛采用。基于框架的 Web 服务发现,这种发现方法是根据分类法和功能将服务分类,将服务发现归结为结构化查找。而基于语义的 Web 服务发现是将 Web 服务视为功能体及其关系,用语义 Web 及其本体论描述 Web 服务,服务的发现过程就是本体论过程模型中本体论的匹配。在实际应用中,Web 服务发现技术还可分为直接检索、集中式架构和分布式架构。

组合服务如同一个极度松散耦合的分布式应用系统,该系统在地域上的分散程度是一般分布式系统所不及的,而且该系统的每一个外部服务对于组合服务而言均是透明的,加之网络环境高度的复杂性和动态性,使得如何保证 Web 服务组合稳定可靠的执行与监控成为一大难点问题[2]。

对于 Web 服务而言,它是一种存在于分布式环境中的应用程序,因其这种分布式、异构的本质使其安全性变得更加复杂,对于 Web 服务组合安全与事务管理的需求也就更加迫切。

1.2.3　Web 服务组合分类

Web 服务组合根据不同的分类标准有多种分类方法,具体如下。

根据实现方式,Web 服务组合分为服务编制和服务编排两大类。两者的目标都是以一种面向流程的方式把多个 Web 服务组织起来,完成一个复杂的新业务流程,实现单一 Web 服务无法实现的功能。编制需要重用多个服务的内部流程,以形成一个新业务流程,并由一个工作流引擎完成该业务流程的执行[7]。编排是指不同 Web 服务协作完成一个新业务流程,即该业务流程的执行依赖于多个 Web 服务协作完成,而不是由单一工作流引擎来完成[7]。目前,许多组合服务生成工具,如 JBoss jBPM、Oracle BPEL Process Manager 及 WebLogic Integration BPM 等,都采用了编制方式生成组合Web 服务。

根据动态性程度,Web 服务组合分为静态和动态两大类。静态组合是指在设计阶段或者编译阶段,根据应用环境及应用需求,对已有的服务组件进行组合的过程。在静态组合中,首先需要列出复合服务要实现的所有功能,然后根据功能列表,选择和定位合适的服务组件来提供相应的功能。为此,在静态组合模型中,需要建立和维护一个服务组件库,并提供相应的工具以帮助服务开发人员根据组件的名称或功能来查找和定位他们所需要的服务组件。动态组合是指在运行时刻选择和调用所需服务组件并将之合成为一个复合服务的过程。动态组合与静态组合的不同之处:动态组合能够适应动态变化的运行环境及动态变化的应用需求。在运行过程中,系统可以根据实际运行需要,从服务组件库中动态选择所需要的服务组件来提供和完成相应服务[8]。例如,一个网上商店管理系统,它需要通过与客户代理系统、银行系统、库存系统等多个系统的协作来完成顾客网上购物。

根据自动化程度,Web 服务组合分为手动、半自动和全自动三大类。手工制定 Web 服务要求用户提前定义好 Web 服务的组合方式,组合的结构和服务元件都是静态连接的,传送至组合服务的请求以调用多个服务元件的形式来执行。半自动服务组合是动态 Web 服务组合的折中方案,完全的动态服务组合目前很难实现,但其中的多个环节可以实现自动化。

根据技术或理论基础,Web 服务组合分为基于工作流和基于人工智能两大类。工作流是一类能够完全或者部分自动执行的组合过程,它根据一系列过程规则(文档、信息或任务)能够在不同的执行者之间传递与执行。工作流是计算机辅助下的流程自动化或半自动化处理,它通过将流程分解成定义良好的活动、角色、规则和过程来执行和监控,旨在全面整合企业资源,提高流程流转效率[9]。斯图尔特·罗素(Stuart Russell)和彼得·诺维格(Peter Norvig)在 1995 年将 AI(Artificial Intelligence,人工智能)规划刻画为一种问题求解。一个规划问题 P 形式化地定义成一个三元组$\langle I,G,A\rangle$,其中 I 是初始状态的完全描述,G 是最终状态的部分描述,A 是可执行的行动的集合。如果 S 能从初始状态 I 到达最终状态 G,则行动序列 S 是一个规划。一个规划器通过评价行动和在可能的状态或在偏序空间中搜索来发现规划[10]。

根据所解决的问题类型,Web 服务组合分为业务流程驱动的和用户即时任务求解的。业务流程是指企业中的某种活动,这种活动具有有限的开始、一组中间活动及最终的结果。所有业务流程通常都有一些共同的特征,如业务流程比较大,分布在企业的多个不同部分,持续运行时间长,并且不是人机交互的就是自动的。

1.2.4 Web 服务组合方法

BPEL(Business Process Execution Language,业务流程执行语言)所代表的是服务间交互的思想,在 BPEL 出现之前,有两个类似的技术标准处于竞争状态,Microsoft 提出的 XLANG 和 IBM 提出的 WSFL(Web Services Flow Language,Web 服务流语言)。BPEL 吸收了两者的优点,即 XLANG 的块结构化设计和 WSFL 的有向图概念。XLANG 的块结构化设计使 BPEL 表达更为自然,而 WSFL 的有向图概念使 BPEL 与 WSDL 的结合更加紧密。

BPEL4WS(Business Process Execution Language for Web Services, Web 服务的业务流程执行语言)诞生于 2002 年 8 月,是 BPEL 的第一个版本。BPEL4WS 提供了一种面向过程的 Web 服务组合描述语言,它采用 XML 格式,已经由 OASIS 制定为一种标准。

在 Web 服务语义描述模型出现之前,服务的组合一般以基于 XML 的工作流描述语言和工作流技术为基础,例如惠普(Hewlett-Packard,HP)实验室的 eFlow 系统,UCBerkeley 的 Ninja,Florida 的 DynFlow 和澳大利亚新南威尔士大学(The University of New South Wales)的 SELF-SERV 等,它们基本上是一种静态组合、动态绑定的方式,组合的自动化和动态适应性程度不高。

DAML-S(DARPA Agent Markup Language-Services,DARPA 代理标记语言服务)和 OWL-S(Ontology Web Language-Services,Web 服务的本体语言)的出现为新组合方法的产生提供了可能,它们将 Web 服务看作 AI 中的行为(Action),用参数、前提和结果等来描述服务,可以比较自然地映射为行为的形式化描述,这使得服务的组合问题可以利用 AI 中的方法来解决。

同时,它们也是从 Agent(代理)的角度出发来建模的,服务可以当成是 Agent 的行为,这样可以充分利用 Agent 的自治性、主动性和推理性等特性[11]。

DAML-S 是由 BBN 科技公司、卡耐基梅隆大学、诺基亚公司、斯坦福大学以及斯坦福研究所(Stanford Research Institute,SRI)等一些组织和大学实验室联合在 DAML＋OIL(Ontology Inference Layer,本体推理层)基础上创建的,用来定义 Web 服务的本体。DAML-S 是在若干 Web 服务工业标准之上开发的,同时加入了丰富的类型和类信息,可以用这些信息来描述和限制 Web 服务。DAML-S 采用一种获得 Web 服务控制流和数据流的处理模型,集成了更多的类表示。它能够把 Web 服务聚合成分类的层次结构,并且还带有类及类实例之间关系和限制的丰富定义。DAML-S 主要由 3 部分组成,Service Profile(服务配置文件)、Service Model(服务模型)和 Service Grounding(服务基础)(如图 1.9)。Service Profile 指明所描述的 Web 服务的功能与接口、Web 服务的性能和服务提供者信息;Service Model 规定了 Web 服务所完成的所有任务、执行任务的顺序及完成各个任务的结果;Service Grounding 规定了客户端程序或代理如何访问 Web 服务。

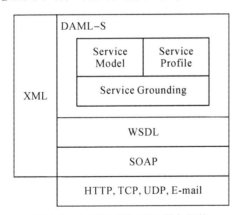

图 1.9　DAML-S 的 Web 服务架构

OWL(Web Ontology Language,Web 本体语言)是一种定义结构化的、基于 Web 的本体语言。OWL 相对 XML、RDF 和 RDF Schema 拥有更多的原语来表达语义,从而超越了 XML、RDF 和 RDF Schema 的表达能力。OWL-S (前身是 DAML-S)就是一种支持服务的自动发现、调用、配合和执行监控的服务本体语言。它的优点是从服务发现、服务交互、服务通信等不同侧重点描述 Web 服务。OWL-S 将一个 Web 服务描述本体分为 4 个顶层本体：Service、Service Profile、Process Model 和 Grounding。这 4 个本体共同描述一个 Web 服务，它们之间存在紧密的联系、互相引用(如图 1.10)。

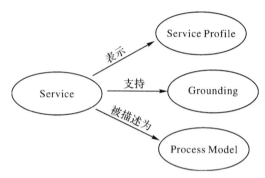

图 1.10　OWL-S 顶层本体

1.2.5　Web 服务组合的生命周期

一个 Web 服务组合，当它根据其应用场景由不同的构件块按照某种组合逻辑形成时，实际上经历了几个渐进的发展阶段，这几个发展阶段共同构成服务组合的生命周期。

(1)计划编制阶段：根据用户提出的服务请求确定需要检索和聚合的服务操作(或活动)系列，这个服务请求是根据领域模型提供的信息来执行的。

(2)定义阶段：对 Web 服务组合进行抽象定义。

(3)调度阶段：确定各种元服务将会怎样执行，什么时候执行，并为执行这些元服务进行准备，同时提出可替代的组合调度并将其提供给应用开发者进行选择。

(4)构建阶段：构建一个具体且明确的服务组合，这个服务组合由一系列想得到的或潜在有效相匹配的元服务构成。

(5)执行阶段：在确定服务组合规范的基础上，进行组合服务绑定，并执行这些服务。

1.3　Web 服务的发展

Web 服务出现在 20 世纪 90 年代中期。在面向对象技术给解决软件危机带来曙光之时,分布式网络计算的巨大压力又给软件开发提出了许多新的难题。新的分布式网络计算要求软件实现跨空间、跨时间、跨设备、跨用户的共享,导致软件在规模、复杂度、功能上的极大增长,软件异构协同工作、各种层次上集成、可反复重用的需求急剧增加。为适应软件的这种需求,新的软件开发模式必须支持分布式计算、B/S(Browser/Server,浏览器-服务器)结构、模块化和构件化集成,使软件类似于硬件,可用不同的标准构件拼装而成[12]。当时许多科学家和工程师都在探索如何解决分布式计算中众所周知的技术问题和分布式计算成本偏高问题[13]。

由于多种软件构件模型的并存,遵循不同构件模型的软件构件系统之间的互操作出现困难。Web 服务技术正是在这样的背景下出现的。它把各种软件构件又封装了一层,由于使用的是各个软件厂商都支持的标准,所以不同厂商或开发者提供的支持同一接口的不同 Web 服务构件之间便可以随意互换了[12]。

1.3.1　Web 服务的发展历程

Web 服务技术是分布式计算、Grid(网格)计算和 XML 等技术发展和相互促进的结果。它吸收了各种技术的优点,成为 Web 环境下跨平台、跨语言、松耦合的分布式系统的最佳解决方案[14]。

分布式计算概念自从 20 世纪 80 年代被提出以来,大致经历了分布式数据、分布式组件、分布式体系架构和分布式服务这 4 个主要的发展阶段,其中前两个阶段分别是以 OLE/XDBC(ODBC/JDBC)与 COM(Component Object Model,构件对象模型)/DOCM 和 EJB/RMI(Remote Method Invocation,远程方法调用)为代表的两层体系结构中的分布式数据共享处理,以及多层体系结构中的远程自动化分布式调用的技术方案。它们为分布式技术以及随后的分布式体系架构的发展奠定了技术与实现基础[15]。

20 世纪 90 年代出现的以 DNA(Digital Network Architecture,数字网络体系)[14]和 CORBA[16]为代表的分布式体系架构使分布式技术逐渐走向成熟。它们将系统分为表示逻辑、业务逻辑和数据逻辑,通过多层式设计,提高了分布式系统的可伸缩性。但这种紧耦合的分布式环境,要求通过特定的通信协议在对等体系结构间才能进行通信,且对组件定位后才能访问,因此无法满足 Internet 环境下的无状态、松耦合、异构系统间的通信要求。

与此同时,Grid 技术无论是从概念还是应用技术方面都得到了巨大的发展[17]。Grid 是一种集成的计算与资源环境,它具有资源的分布性、结构的自相似性、节点的动态可伸缩性及管理的多重性和自治性等特点。针对这些特点,Foster 等人提出了以协议为中心的五层沙漏模型[17]和以服务为中心的 OGSA(Open Grid Services Architecture,开放网格服务结构)模型[18]。此外,以 Globus 组件为核心的网格底层支撑技术为解决跨操作系统的通信和跨文件系统的访问等异构分布式问题提供了有效手段。

XML 技术为 Internet 的数据内容描述与管理提供了一种与平台无关,且可伸缩的元语言描述机制。它对信息采用树状结构和嵌套规则的描述,并支持 Unicode 而实现语言的独立性。因此,使用 XML 有利于 Web 上的数据分发和集成,并能以可移植方式共享信息。

分布式 Web 服务技术正是融合了 Grid 技术中"无处不在的集成的计算与资源环境"的思想和 OGSA 体系结构中的一些应用技术,并在 HTML、SMTP 等 Internet 标准协议的基础上,使用基于 XML 的文本消息传送模型进行通信,从而真正实现分布式 Web 系统间跨平台、跨语言的无缝融合,解决了分布式体系架构无法解决的 Internet 环境下的松耦合分布式异构问题。

最先采用 Web 服务技术的企业多数是一些银行和金融服务机构。这些企业的业务系统很早就采用 IT 技术,而且重要的业务数据都存储在一些应用早期计算机语言开发的应用系统中[19]。当这些企业推出新的业务、新的平台时,如何使这些数据在新老系统中进行交互使用就成了最大的难题。这在很大程度上促使他们应用 Web 服务技术作为数据交换的手段。第二批采用 Web 服务技术的企业则多是旅游、交通、零售及电信通信行业的企业。这些行业的应用特点是他们拥有众多的分支机构,而且这些分支机构的地域分布很分散。在这些行业的松散集成方面,Web 服务具有非常好的技术优越性。另外,对 Web 服务感兴趣的行业还包括医疗机构、公共事业、政府和制造业等。

HP 在 1999 年发布的 e-Speak 系统被认为是第一个采用了 Web 服务技术的商用系统,它使用 HTTP 并用 XML 表示数据来处理各种各样的网络系统。同时期开发出来的 XML-RPC 的规格说明只有短短几页,定义了如何调用远程服务器上的函数。更通用的 XML 消息格式包括 WDDX(Web Distributed Data Exchange,Web 分布式数据交换),WDDX 标准也被开发出来。与此同时,有关 XML 和因特网的各种协议也如雨后春笋般涌现出来,为了避免 VAN(Value Added Network,增值网)的昂贵事务费用,利用 SMTP 和 HTTP 的 EDI(Electronic Data Interchange,电子数据交换)出现了,并随之产生了大量的 XML/EDI 应用系统。基于这些努力的结果,形式化的标准电子商务 XML(ebXML)诞生了,开发 OASIS(SGML/XML 的先驱)和传统 EDI 的关键机构——联合国贸易便利化与电子业务中心(United Nation's Centre for Trade Facilitation and Electronic Business,UN/CEFACT)也参与这项开发工作。1998 年下半年,包括微软在内的一个很小的小组开始评阅一个有关 XML 文档结构化交换的规格说明,这就是 SOAP。1999 年底,SOAP 公开发布,并被作为 Web 服务通信协议的核心[13]。

从 Web 服务标准角度出发,尽管 Web 服务最底层的 UDDI、WSDL 和 SOAP 三大核心标准已经逐渐成熟,但 Web 服务的复杂性带来了 Web 服务功能的多样性。因此,建立更高层次的关于安全性、业务流程自动化及服务级别的标准将会是各个标准化组织面临的难题。而 Web 服务安全机制的复杂性是阻碍 Web 服务大规模部署的又一因素。Web 服务涉及的访问控制映射和身份识别映射还存在很多悬而未决的问题。而 Web 服务在管理方面存在的最大问题就是政府监管问题。HP 软件部的 David Shoaf 表示,在欧美国家,政府监管部门的控制对于 Web 服务技术的发展速度和方向都有很重要的影响,而且它所涉及的社会认可体系的建设将会是漫长的过程。

1.3.2 Web 服务面临的挑战

1.3.2.1 Web 服务发现

随着 Internet 的快速发展,Web 服务的数量和种类也得到了快速增长,如何准确、快速地搜索到满足用户需求的 Web 服务已经成为当前研究的重点。不同的 Web 服务可能具有不同的内容、形式和复杂程度。传统的 Web 服务发现方式(如通用描述、发现与集成服务)不能表示服务的语义信息,并且 UDDI 的关键字匹配过程不能完全展现 Web 服务的能力,造成服务发现的准确率和召回率较低[20]。如何对 Web 服务进行描述和组织,使请求者能够基于概率或语义约束的模糊匹配进行查找,实现服务发现的高效性、自动化和智能化,是 Web 服务研究的一个重要内容[21]。

1.3.2.2 Web 服务组合

在业务处理中,通常需要按照一定粒度将多个 Web 服务根据特定的应用背景和需求进行合理的组合,实现完整的业务逻辑。以往的大量研究主要集中于需求明确、业务流程可预先定义的服务组合应用场景。然而,近年来人们逐渐认识到:在科研协作、远程医疗、城市应急等应用领域问题求解的过程中,许多业务流程难以预先定义完备,需要根据周围环境、已完成业务活动的结果和效果等实时、实地确定下一步要做的事。这种具有"边执行边探索""摸着石头过河"特征的服务组合被称为探索式服务组合[22]。在探索式服务组合环境下,用户可能面临两方面问题:一方面,用户需求不明确,往往只有大概的方向。另一方面,用户对服务系统中庞大复杂的功能服务也不十分了解。探索式服务组合,作为一种典型的半自动服务组合方式,特别需要主动智能的服务推荐技术来提升用户体验,缓解供需矛盾。用户根据自身需求可以通过服务搜索找到初始服务,而初始服务的组合服务推荐效果不如后继服务准确、高效。然而,目前的服务推荐方法大都只考虑了初始服务的推荐,对后继服务的推荐关注较少,因而不适用于探索式服务组合场景中的推荐。

同时,Web 服务组合还面临下列问题[23]:①对于与组合服务相关的各服务组件和基本服务,怎样定义它们之间的逻辑及时序关系,以实现复杂 Web 服务执行的自动化;②怎样实现服务组件和基本服务之间的动态交互、协调及状态保持,以保证 Web 服务执行的有序性;③怎样保持语义信息,怎样验证和测试组合 Web 服务,以确保 Web 服务执行结果的准确性。

近年来,随着云计算、物联网等技术研究不断深入,大数据时代已经到来,这必将加速服务组合从理论研究走向现实应用的过程,如何提供高效、准确的服务组合方法已成为促进服务组合发展的关键因素。

1.3.2.3　Web 服务监控

随着 Web 服务被以电子商务为代表的现代企业所广泛应用,出现了越来越多的 Web 应用和服务,Web 应用的组成也日趋复杂化。用户对服务质量的要求也越来越高。与此同时,服务提供者为了提高 Web 服务产品竞争力,不仅需要开发高质量的服务,而且需要及时获知已上线服务的运行状态[24]。因为,服务提供者需要时刻为用户提供高质量的服务,一旦出现服务异常则会在很大程度上影响用户的体验。服务提供者需要对 Web 服务的运行状态进行实时监控,以最快速度发现服务的异常情况并及时处理。因此,如何实时准确地监测 Web 服务的运行状态,是服务保障的重要环节。

目前,由于网络上的 Web 服务数量急剧增加,组合服务进程规模不断扩大,使得在满足业务需求的同时,组合进程的复杂性也在不断提高,且对服务组合的可用性、可靠性以及它的容错能力提出了相当大的挑战[25]。除此之外,网络环境的动态变化、非预期的网络失效以及其他各种外部问题也会使服务在组合过程中受到影响。以上这些不确定因素导致服务组合在运行过程中会出现各种故障,而由于服务之间的互操作会使得这些故障在服务间不断累积和传播,这就让服务组合的故障问题更加突出[26]。因此,如何从大规模分布式系统中发现并移除故障,以保证组合进程的正常运行[27],已经成为一个亟待解决的重要问题。

因此服务监测、诊断是 Web 服务管理的核心问题,需要建立服务组合的故障诊断模型来对服务组合发生故障的位置及原因进行诊断,并制定有价值的诊断策略以保证诊断的效率和准确性。

1.3.2.4　Web 服务性能优化

由于 Web 服务成了主流技术,其性能引起了广泛关注。Web 服务技术建立在 XML 技术的基础之上,XML 本身的特点及其他一些因素对服务性能造成了一定影响,导致 Web 服务技术与其他分布式技术相比在性能上有一定的差距[28]。XML 和 SOAP 使 Web 服务具有更好的开放性,但 XML 的解析和传输等使 Web 服务与 CORBA 等调用相比,性能上存在数量级上的差距,这将直接影响 Web 服务的应用和推广[21]。

随着电子商务的迅速崛起,基于 Web 的应用模式迅速发展,Web 应用从局部化发展到全球化,从集中式发展到分布式,Web 服务成为电子商务的有效解决方案。电子商务由于其交易的实时性等特点,要求基于 Web 服务的电子商务系统具有较高的性能,因此服务性能就成为决定 Web 服务是否能进一步得到广泛应用的关键因素之一。针对这一点,业界提出了 SOAP 消息传输优化方案、XML 二进制优化建议等。如何对 XML 的解析、SOAP 消息的传输进行优化,是提高 SOAP 可用性的一个重要方面。

1.3.2.5　Web 服务的安全性

为了保证 Internet 上 Web 应用的安全,防止信息被非法访问和修改,需要采用安全控制或信息加密等手段。现有的安全技术如数字签名、XML 加密标准、访问控制技术等,一定程度上解决了特定的安全问题,但如何实现 Web 服务安全保护的自动化,保证不同粒度和级别的数据机密性、完整性和可用性,仍然是一个重要的研究问题[21]。Web 服务安全涵盖的内容比较多,主要包括对用户的认证、授权,事务的审计,服务的可用性,所交换消息的保密性和完整性,请求或消息的不可否认性等方面。

当前国外对 Web 服务安全问题的研究大部分集中在制定 Web 服务安全性规范及对应规范的实现。WS-Security、WS-Trust 等规范提供了一个框架级别的安全标准,但还需要在应用中进一步验证。国内对 Web 服务安全性的研究大部分集中在对各种安全协议的使用、检测程序应用漏洞、用传统信息安全评估标准对 Web 服务进行安全评估。由于国内外对 Web 服务安全性的研究主要集中在如何制定和实现 Web 服务安全协议,开发 Web 服务漏洞扫描工具,以及分析和跟踪 Web 服务安全性规范方面,而对如何客观、科学地评估安全的研究比较缺乏,因此对 Web 服务安全性进行测试和评估是非常重要和必要的[23]。

1.3.2.6　Web 服务的事务机制

由于 Web 服务组合面对的是广域分布的、异构的、动态的环境,而且涉及多个自治组织间的协作与交互,因此用一个工作流程来描述整个业务过程是不可能的,需要涉及多个组织的流程之间的互操作。在 Web 服务组合中,常常需要处理多个成员与 Web 服务之间的交互和组合过程,这类过程必须保证多个 Web 服务运行结果的可靠性和一致性,并能及时解决运行时发生的各种异常[29]。因此,为了保证 Web 应用协同工作并保持一致,得到可靠的结果和输出,在 Web 服务组合处理环境中需要为 Web 服务组合提供事务处理技术的支持,建立适应其特点的事务模型。

传统的事务处理技术适合紧耦合和短生命周期的事务,Web 服务组合应用的事务运行在松耦合的环境中,事务的参加者可能属于不同的、自治的组织和部门,具有较长的生命周期。总之,与传统事务相比,Web 服务中的事务机制具有下列特点[21]:①事务的执行周期可能很长;②Web 事务比传统事务更松散、更灵活、更复杂,并不严格地遵循传统事务 ACID(Atomicity,原子性;Consistency,一致性;Isolation,隔离性;Durability,持久性)原则;③事务参与者可能分布在网络中不同位置、不同平台上;④服务组合中需要事务机制来保证其协调工作。

目前,Web 服务支持的事务模型主要是 Business Transaction(业务事务)、WS-Transaction(Web 服务事务)和 Activit Service,其策略通常是扩展已存在的事务处理技术,其实效性仍然有待进一步研究。现存的 Web 服务事务处理协议有 BTP(Business Transaction Protocol,商业交易协议)、WS-Coordination(Web 服务协调)、WS-Transaction 和 WS-CAF(Web Services Composite Application Framework,Web 服务组合应用框架)等规范,这些规范不同程度地对传统事务进行了改善,重新定义了松耦合环境的事务特性。但对于 Web 服务组合事务缺少良好的支持,尤其是在组合事务逻辑复杂的情况下,这些协议不能有效地解决问题。

1.3.2.7 云计算平台下的 Web 服务组合

随着云计算的发展与普及,云服务已经成为热门的商业模式。由于云计算易于对数据提取、整合和应用,并且可以按需求给组织提供最新信息技术资源和服务,所以越来越多的组织选择云服务[30]。然而,一些组织对云服务的安全性、隐私性和可用性十分关注,对云服务供应商的可信度产生怀疑[31]。不仅如此,近年来涌现出大量的云服务供应商,且他们所提供的服务极具相似性[27],大部分人并不知道如何筛选出可靠的云服务供应商。再者,由于云服务市场动态性极强,对云服务供应商进行评估时,定性指标难以描述且指标之间关系复杂,这使人们在选择可信度高的云服务供应商时变得困难[32]。

Web 服务技术在各研究方向中还存在一些问题。例如:如何对 Web 服务进行描述和组织,使请求者能够基于概率或语义约束的模糊匹配进行查找,实现服务发现的高效性、自动化和智能化;对于与组合服务相关的各服务组件和基本服务,怎样定义它们之间的逻辑及时序关系,以实现复杂 Web 服务执行的自动化;怎样实现服务组件和基本服务之间的动态交互、协调及状态保持,以保证 Web 服务执行的有序性;怎样保持语义信息,怎样验证和测试组合 Web 服务,以确保 Web 服务执行结果的正确性;如何实现 Web 服务安全保护的自动化,保证不同粒度和级别的数据机密性、完整性和可用性……这些问题都是 Web 服务技术在研究中需要解决的问题,也就成了 Web 服务技术下一步的发展趋势。特别是,由于传统的 Web 服务技术缺乏机器可理解的语义,限制了 Web 服务的自动化,如何使 Web 信息为机器所理解并自动处理成为 Web 服务发展的趋势。

第 2 章　面向服务的体系结构

　　Internet 的发展和普及为人们提供了一种全球范围的信息基础设施,形成了一个资源丰富的计算平台。而以分布计算为代表的软件技术的发展和变革,正在深刻地影响着人类社会生活和工作的方式。以 Internet 为主干,各类局域网(有线网和无线网)为局部设施,各种信息处理设备和嵌入设备作为终端,构成了人类社会的虚拟映像,成为人们学习、生活和工作的必备环境。进入 21 世纪后,Internet 平台得到进一步的快速发展与广泛应用,各种信息资源(计算资源、数据资源、软件资源、服务资源)呈指数级增长。目前,三网合一和宽带接入等技术的发展,进一步促进了 Internet 的发展,Internet 产业正成为全球最大的产业。在开放、动态的 Internet 环境下,实现灵活的、可信的、协同的信息资源共享和利用,已经成为信息化社会的重大需求。近年来,基于服务概念的资源封装和抽象逐渐成为资源发布、共享和应用协同的重要技术基础,由此产生了一种新的 IT 架构组织模式——SOA(Service-Oriented Architecture,面向服务的体系结构)。

2.1　SOA 的发展历程

　　SOA 的出现和流行是软件技术(特别是分布计算技术)发展到一定阶段的产物。SOA 的概念最初由全球最具权威的 IT 研究与顾问咨询公司——Gartner 于 1996 年提出。当时对于 SOA 给出的定义是:"面向服务的体系结构是一种高性能计算方式,它有助于企业在多个应用和使用模式之间分享逻辑和数据。(A service-oriented architecture is a style of multitier computing that helps organizations share logic and data among multiple applications and usage modes.)"由于当时的技术水平和市场环境尚不具备真正实施 SOA 的条件,因此当时 SOA 并未引起人们的广泛关注。

回顾软件技术的发展历史,其核心技术之一是软件的基本模型(如图 2.1),与软件技术发展密切相关的 3 个要素是计算机平台、人的思维模式和问题的基本特征,而驱动软件技术不断向前发展的核心动因之一是复杂性控制[33]。在软件技术的发展过程中,构成软件系统的基本元素——软件实体经历了语句、函数、过程、模块、抽象数据类型、对象、构件等多个阶段。软件实体的主要发展趋势是主体化,即内容的自包含性、结构的独立性和实体的适应性[34]。每一种新兴的软件技术的出现,都是为了应对当时最为紧要的某些复杂性控制问题,从而更好地去适应日益开放的开发与应用环境对软件的需求。高级语言的发展是为了控制计算机硬件平台的复杂性,结构程序设计的发展是为了控制程序开发过程和执行过程的复杂性,面向对象的发展则是为了控制系统需求易变所导致的复杂性[33]。

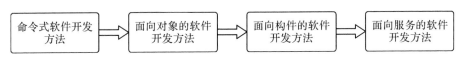

图 2.1　软件开发模型发展历程

20 世纪 80 年代以来,面向对象的方法获得了巨大成功。面向对象技术之所以流行是因为它较好地综合了软件开发的 3 个要素。面向对象技术的基本建模元素是对象及对象间的交互,这种看待现实世界的观点既符合人的思维模式,又符合客观世界的构成规律,因此能够达到问题空间、设计空间和程序空间之间的映射,从而能更容易地控制需求变化所导致的在设计空间和程序空间的"涟漪"效应[33]。当面向对象的方法应用于大规模工业化软件生产环境时,出现了基于构件的软件开发(Component-Based Software Development,CBSD)方法,力求通过组装预先定制好的软件构件来构造应用系统,从而有效地支持软件复用。CBSD 体现了"购买,而不是重新构造"的哲学。伴随着互联网的浪潮,在构件技术逐步成熟的基础上,由于人们对更大粒度软件复用和更灵活软件互操作所带来的业务敏捷性的高度关注,越来越多的企业将业务转移到互联网领域,带动了电子商务的蓬勃发展。为了能够将公司的业务打包成独立的、具有很强伸缩性的基于互联网的服务,Web 服务的概念被提出,这可以说是 SOA 的开端。作为 SOA 中最为核心的概念,Web 服务是软件构件在开放、动态、多变的 Internet 环境下的一种自然扩展和延伸,它作为应用开发基本单元,能够快速、便捷、低耗地开发和组装应用系统,并有效地解决在分布、异构的环境中的数据、应用和系统集成的问题。

新技术的兴起必然伴随着一系列技术标准和规范的诞生,SOA 也是如此。短短几年之内,在厂商、研究人员和标准化组织的共同努力下,已经制定出一大批 SOA 标准和规范,有力地推动了 SOA 的发展。2002 年 12 月,Gartner 指出 SOA 是"现代应用开发领域最重要的课题"。2005 年,一些 IT 组织成功建立并实施 SOA 应用软件,不少 IT 厂商看到其价值,也纷纷推出自己的 SOA 解决方案和产品。

Gartner 认为,新兴软件技术的发展过程,一般要经历"启动阶段""被夸大的预期峰值""幻灭的低谷""启蒙的斜坡"和"生产力平原"等几个阶段。1996 年,SOA 首次被提出时,正值 CORBA 技术的"启动阶段";而当 1999 年,CORBA 进入"幻灭的低谷"时,J2EE 开始启动,并迅速在企业计算方面得到大规模的普及和流行;2002 年,当人们发现 J2EE 也并非预期中的银弹时,Web 服务终于走上了历史的舞台;2005 年,SOA 的概念炒作达到了顶峰;而在 2006 年,SOA 走入低谷,这意味着人们开始对 SOA 进行更加理性的思考;进入 2008 年,SOA 开始从 Gartner 的技术成熟度曲线中的"幻灭的低谷"走向"启蒙的斜坡"乃至"生产力平原"阶段,这意味着 SOA 已经走出了炒作,进入更加务实的落地阶段。整体上看,SOA 仍然处于成长上升阶段,还未真正广泛普及,还未形成稳定的价值。

Web 服务开始流行以后,互联网迅速出现了大量的基于不同平台和语言开发的 Web 服务组件。为了能够有效地对这些为数众多的组件进行管理,人们迫切需要找到一种新的面向服务的分布式 Web 计算架构。该架构要能够使这些由不同组织开发的 Web 服务能够相互学习和交互,保障安全以及兼顾复用性和可管理性。由此,人们重新找回 SOA,并赋予其时代的特征。需求推动技术进步,正是这种强烈的市场需求,使得 SOA 再次成为人们关注的焦点。未来几年 SOA 将进入应用市场主导的理性发展阶段,人们将把更多的关注点放在 SOA 如何"落地",即用户如何成功实施 SOA 并创造实际价值等方面。

回顾 SOA 发展历程,我们把其大致分为 3 个阶段。

(1)孕育阶段:这一阶段以 XML 技术为标志,时间大致从 20 世纪 90 年代末到 21 世纪初。虽然这段时期很少提到 SOA,但 XML 的出现无疑为 SOA 的兴起奠定了稳固的基础。可扩展标记语言(XML)是由 W3C 创建的,源自流行的标准通用标记语言(SGML),它在 20 世纪 60 年代后期就已经存在。这种广泛使用的元语言允许组织定义文档的元数据,从而实现企业内部和企业之间的电子数据交换。由于 SGML 比较复杂,实施成本很高,因此很长时间里只用于大公司之间,限制了它的推广和普及。

通过 XML,开发人员摆脱了 HTML 语言的限制,可以将任何文档转换成 XML 格式,然后跨越互联网协议传输。借助 XSLT,接收方可以很容易地解析和抽取 XML 格式的数据。这使得企业既能够将数据以一种统一的格式描述和交换,又不必负担 SGML 那样高的成本。事实上,XML 实施成本几乎和 HTML 一样。

XML 是 SOA 的基石。XML 规定了服务之间以及服务内部数据交换的格式和结构。XSL Schema 保障了消息数据的完整性和有效性,而 XSLT 使得不同的数据表达能够通过 Schema 映射而互相通信。

(2)发轫之始:2000 年以后,人们普遍认识到基于公共/专有互联网之上的电子商务具有极大的发展潜力,因此需要创建一套全新的基于互联网的开放通信框架,以满足企业对电子商务中各分立系统之间通信的要求。于是,人们提出了 Web 服务的概念,希望通过将企业对外服务封装为基于统一标准的 Web 服务,实现异构系统之间的简单交互。

这一时期,出现了 3 个著名的 Web 服务标准和规范:简单对象访问协议(SOAP)、Web 服务描述语言(WSDL),以及通用描述、发现与集成(UDDI)协议。这 3 个标准可谓 Web 服务三剑客,极大地推动了 Web 服务的普及和发展。短短几年之间,互联网上出现了大量的 Web 服务,越来越多的网站和公司将其对外服务或业务接口封装成 Web 服务,有力地推动了电子商务和互联网的发展。Web 服务也是互联网 Web 2.0 时代的一项重要特征。

(3)成长阶段:从 2005 年开始,SOA 推广和普及工作开始加速。不仅专家学者,几乎所有关心软件行业发展的人士都把目光投向 SOA。一时间,SOA 频频出现在各种技术媒体、新产品发布会和技术交流会上。各大厂商也逐渐放弃成见,通过建立厂商间的协作组织共同努力制定中立的 SOA 标准。这一努力最重要的成果体现在 3 个重量级规范上:SCA(Service Component Architecture,服务构件架构)、SDO(Service Data Objects,服务数据对象)和 WS-Policy(Web Services Policy Framework,Web 服务策略框架)。SCA 和 SDO 构成了 SOA 编程模型的基础,而 WS-Policy 建立了 SOA 组件之间安全交互的规范。这 3 个规范的发布,标志着 SOA 进入了实施阶段。

Web 服务则是当今最为流行的 SOA 架构实现技术,它是在企业完成了信息化建设之后,需要彼此通过 Internet 进行深入协作的背景下产生的,它更加关注在应用层面上互操作问题的解决。需要指出的是,Web 服务仅仅是开启了 SOA 实践的大门,要在开放、动态、多变的 Internet 环境下,基于 SOA 架构理念,实现企业间高效、灵活、可信、协同的服务资源共享和利用,仍需要更多的相关技术、规范、标准以及最佳实践的支持。从整体架构角度看,人们已经把关注点从简单的 Web 服务拓展到面向服务体系结构的各个方面,包括安全、业务流程和事务处理等。

2.2　SOA 的定义

关于 SOA,目前尚未有一个统一的、业界广泛接受的定义。一般来说,

SOA 是指在 Internet 环境下为了解决业务集成的需要,通过连接能完成特定任务的独立功能实体实现的一种软件体系结构[35]。

从技术角度讲,SOA 是一个组件模型,以 XML 技术为基础,通过使用 WSDL 协议描述接口,它将应用程序的不同功能单元(称为服务)通过定义良好的接口联系起来[36]。接口采用中立的方式定义,独立于具体实现服务的硬件平台、操作系统和编程语言,使得构建在这样的系统中的服务可以使用统一和标准的方式进行通信。这种具有中立的接口定义(没有强制绑定到特定的实现上)的特征被称为服务之间的松耦合。

SOA 不是一种语言,也不是一种具体的技术,更不是一种产品,而是一种软件系统架构,它尝试给出在特定环境下推荐采用的一种架构,其建立在 Web 服务的基础上,可以把它看作是 B/S 模型、XML/Web 服务技术之后的自然延伸。从这个角度上来说,它其实更像一种架构模式(Pattern),是一种理念架构,是人们面向应用服务的解决方案框架。服务是 SOA 的基础,可以被应用调用,从而有效控制系统中与软件交互的人为依赖性。SOA 能够帮助我们站在一个新的高度理解企业级架构中的各种组件的开发、部署形式,它将帮助企业系统架构者迅速地架构可靠、具有重用性的业务系统。较之以往,以 SOA 架构的系统能够更加从容地面对业务的急剧变化,可以根据需求对松散耦合的粗粒度应用进行分布式部署、组合和实用。

另外,SOA 也是一种用于构建分布式系统的方法,采用 SOA 这种方法构建的分布式应用程序可以将功能作为服务交付给终端用户,在使用面向服务的体系结构设计分布式应用程序时,可以将 Web 服务的使用从简单的客户端-服务器模型扩展成任意复杂的系统[37, 38]。

从上面可以看出,SOA 有很多定义,但基本上可以分为两类:一类认为 SOA 主要是一种架构风格。另一类认为 SOA 是包含运行环境、编程模型、架构风格和相关方法论等在内的一整套新的分布式软件系统构造方法和环境,涵盖服务的整个生命周期:建模－开发－整合－部署－运行－管理。后者概括的范围更大,着眼于未来的发展,其认为 SOA 是分布式软件系统构造方法和环境的新发展阶段。

在 SOA 架构风格中,服务是最核心的抽象手段,业务被划分(组件化)为一系列粗粒度的业务服务和业务流程[39]。业务服务相对独立、自包含、可重用,由一个或者多个分布的系统所实现,而业务流程由服务组装而来。一个"服务"定义了一个与业务功能或业务数据相关的接口,以及约束这个接口的协议,如服务质量要求、业务规则、安全性要求、法律法规的遵循、关键业绩指标(Key Performance Indicator,KPI)等。接口和协议采用中立、基于标准的方式进行定义,它独立于实现服务的硬件平台、操作系统和编程语言。这使得构建在不同系统中的服务可以以一种统一的和通用的方式进行交互、相互理解。除了这种不依赖于特定技术的中立特性,通过服务注册库(Service Registry)加上企业服务总线(Enterprise Service Bus,ESB)来支持动态查询、定位、路由和调解(Mediation)的能力,使得服务之间的交互是动态的,位置是透明的。技术和位置的透明性,使得服务的请求者和提供者之间高度解耦。这种松耦合系统的好处有两点:①适应变化的灵活性;②当某个服务的内部结构和实现逐渐发生改变时,不影响其他服务。紧耦合则是指应用程序的不同组件之间的接口与其功能和结构是紧密相连的,因而当发生变化时,某一部分的调整会随着各种紧耦合的关系引起其他部分甚至整个应用程序的更改,这样的系统架构就很脆弱了。

从建模和设计的角度来说,SOA 更多地侧重在业务层次上,也就是通过服务建模将业务组件化为服务模型,它是业务架构的底层,是技术架构的顶层,承上启下,是灵活的业务模型和 IT 之间的桥梁,保证两者之间的"可追溯性"。从架构的层次上,SOA 更多地侧重于如何将企业范围内多个分布的系统(包括已有系统/遗留系统)连接起来,如何将它们的功能、数据转化为服务,如何通过服务中介机制保证服务之间以松散耦合的方式交互,如何组装(集成)服务与流程,如何管理服务和流程等。对于实现服务的一个具体应用,它的架构、设计和实现是可以基于已有的实践和方法的,比如 J2EE 或 .NET。

2.3　SOA 的体系结构

2.3.1　基本角色

SOA 是为了促进灵活、敏捷应用开发而采取的一种架构,该架构通过工作流管理模型中常见的组件来实现。SOA 服务具有平台独立的自我描述 XML 文档。SOA 服务用消息进行通信,该消息通常使用 XML Schema 定义(XML Schema Definition,XSD)。消费者和提供者或消费者和服务之间的通信多见于消费者不知道提供者的环境中。服务间的通信也可以看作企业内部处理的关键商业文档。在一个企业内部,SOA 服务通过一个扮演目录列表角色的登记库(Registry)来进行维护。应用程序在登记库寻找并调用某项服务。通用描述、发现与集成(UDDI)协议是服务登记的标准。这些组件之间是一种松耦合的关系,意味着组件是通过发布/订阅登记流程来定位的,且使用一种常见的对象访问机制来链接(一般是 SOAP),使用某种定义语言(WSDL)来描述将用户和提供者连接在一起的特性和接口。

基本 SOA 包括 3 个基本角色:服务提供者、服务请求者和服务注册中心[40]。这个模型和简单 Web 服务之间的相似性非常明显,两者都将 WSDL 作为存储在服务注册中心中的调用协议(可以通过 UDDI 在其中进行查询和获取)。Web 服务实际上是最基本的 SOA 实现。

在此模型中,基本场景如下(如图 2.2):一方面,服务提供者创建服务,并将服务信息发布到服务注册中心。另一方面,需要特定服务的服务请求者在服务注册中心搜索满足必要条件的服务。找到服务后,通过使用服务注册中心中的可用信息,服务请求者能够以正确的方式直接联系服务提供者,从而满足业务需求。在该场景下,服务提供者指发布了调用协议和位置的服务的提供者;服务使用者指从服务注册中心找到与其业务需求匹配的服务的使用者。

服务注册中心是 SOA 系统中可用服务的目录,其中包含服务的物理位

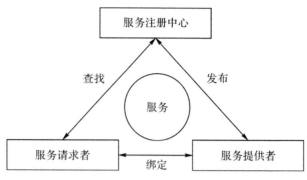

图 2.2　SOA 三个角色的交互场景

置、服务版本及有效期、服务文档和策略。服务注册中心是 SOA 的主要构建块之一。首先,服务注册中心实现了 SOA 的松散耦合承诺。它通过保存服务端点位置,消除了在服务请求者和服务提供者之间进行硬编码所带来的高度耦合,还消除了在需要的情况下替换服务实现的潜在难题。其次,服务注册中心具有很高的可伸缩性,可以在系统服务逐步发展的情况下无缝地提升。它允许系统分析人员对企业的业务服务投资组合进行调查,他们可以随后确定哪些服务可用于实现流程自动化来应对迫切的业务需求,哪些服务不能用于此目的,从而让使用者知道需要在投资组合中实现和添加什么,并会提供可用服务目录。此外,服务注册中心还可以通过强制遵从订阅服务来逐步过渡到治理服务的角色,这可帮助确保服务治理和策略的完整性。可用服务及其接口的可见性可加快开发速度,提高应用程序重用性,改善治理,改进业务规划及管理。服务注册中心的缺失会导致冗余和效率低下。最后,服务注册中心可帮助减少在定位服务信息方面浪费的时间。如果不使用服务注册中心来跟踪服务及其关系,SOA 环境不仅会缺少一致性和控制,还会出现混乱。

2.3.2　标准模型

完整的 SOA 由五大部分组成(如图 2.3),分别是:基础设施服务、企业服务总线、关键服务组件、开发工具、管理工具等。

企业服务总线(ESB)是指由中间件基础设施产品技术实现的,通过事件

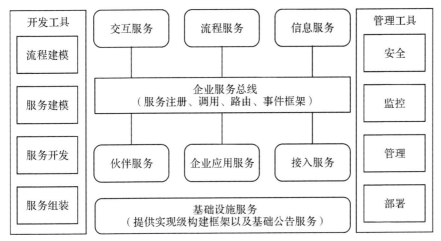

图 2.3　SOA 的标准模型

驱动和基于 XML 消息引擎,为 SOA 提供软件架构的构造物。企业服务总线提供可靠消息传输、服务接入、协议转换、数据格式转换、基于内容的路由等功能,屏蔽了服务的物理位置、协议和数据格式。在 SOA 基础实现的方案上,应用的业务功能能够被发布、封装和提升(Promote)成为业务服务(Business Service);业务服务的序列可以编排成为业务管理的流程,而流程也可以被发布和提升为复合服务(Composited Service),业务服务还可以被外部的 SOA 系统再次编排和组合。ESB 是实现 SOA 治理的重要支撑平台,是 SOA 解决方案的核心。从某种意义上说,如果没有 ESB,就不能算作严格意义上的 SOA。

关键服务组件是 SOA 各种业务服务组件的分类。一般来说,一个企业级的 SOA 通常包括:交互服务、流程服务、信息服务、伙伴服务、企业应用服务和接入服务。这些服务可能是一些服务组件,也可能是企业应用系统(如企业资源计划)所暴露的服务接口等。这些服务都可以接入 ESB,进行集中统一管理。

开发工具和管理工具:提供完善的、可视化的服务开发和流程编排工具,涵盖服务的设计、开发、配置、部署、监控、重构等完整的 SOA 项目开发生命周期。

2.3.3　关键组件——ESB

就像 J2EE 应用离不开应用服务器一样,SOA 的开发需要 SOA 体系的支撑,支持着整个 SOA 的关键组件即企业服务总线(ESB)。SOA 体系通过 ESB 将多个系统连接起来。ESB 是 SOA 架构的一个支柱技术,它的出现改变了传统的软件架构。它可以提供比传统中间件产品更为低廉的解决方案,同时它还可以消除不同应用之间的技术差异,让不同的应用服务器协调运作,实现不同服务之间的通信与整合。

ESB 可以作用于:①面向服务的架构——分布式的应用由可重用的服务组成;②面向消息的架构——应用之间通过 ESB 发送和接收消息;③事件驱动的架构——应用之间异步地产生和接收消息。因此,ESB 就是在 SOA 中实现服务间智能化集成与管理的中介。

从功能上看,ESB 提供了事件驱动和文档导向的处理模式,以及分布式的运行管理机制,它支持基于内容的路由和过滤,具备了复杂数据的传输能力,并可以提供一系列的标准接口。因此,它在 SOA 中扮演着重要的角色。从基础的角度而言,它代表着能够连接服务提供者和服务使用者的中枢和基础架构。作为一种消息代理架构,它通过使用诸如 SOAP 或 JMS(Java Message Service,Java 消息服务)等标准技术来提供消息队列系统。有人把 ESB 描述成一种开放的、基于标准的消息机制,通过简单的标准适配器和接口,来完成粗粒度应用(如服务)和其他组件之间的互操作。

ESB 是传统中间件技术与 XML、Web 服务等技术相互结合的产物,它的主要功能有:通信和消息处理、服务交互和安全性控制、服务质量和服务级别管理、建模、管理和自治、基础架构智能等。ESB 将当今正在使用的主要企业集成模式组合成一个实体,为 SOA 提供与企业需要保持一致的基础架构,从而提供合适的服务级别、可管理性以及异构环境中的操作。

图 2.4 显示了 ESB 为 SOA 提供的基础架构,从图中可以看出,ESB 需要某种形式的服务路由目录(Service Routing Directory)来实现路由服务请

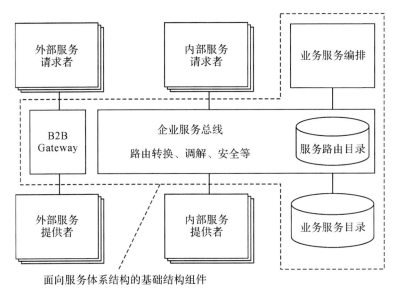

面向服务体系结构的基础结构组件

图 2.4　ESB 为 SOA 提供的基础架构

求。SOA 可能还有单独的业务服务目录（Business Service Directory），其最基本的形式可能是设计时（Design-Time）服务目录，用于在组织的整个开发活动中实现服务的重用。Web 服务远景在业务服务目录和服务路由目录中都放置了一个 UDDI 目录，从而可以动态发现和调用服务，这样的目录可以视为 ESB 的一部分。然而，在这样的解决方案变得普遍之前，业务服务目录与 ESB 可能是分离的。

业务服务编排（Business Service Choreographer）的作用是通过若干业务服务来组合业务流程。它通过 ESB 调用服务，然后再次通过 ESB 将业务流程公开为客户端可用的其他服务。然而，业务服务编排在编排业务流程和服务中所扮演的角色确定了这种业务工作流技术是一种与 ESB 分离的技术。

B2B Gateway(Business to Business Gateway,企业对企业网关)组件的作用是使两个或多个组织的服务在受控且安全的方式下对彼此可用。它有助于查看连接到 ESB 的组件，但并不是 ESB 的一部分。虽然一些网关技术可以提供适合于实现 B2B Gateway 组件和 ESB 的功能，但是 B2B Gateway 组件的用途是将其与 ESB 分离。事实上，这种用途可能需要附加的功能（如合作伙伴关系管理),这些功能不是 ESB 的一部分,并且不一定受到 ESB 技术的支持。

2.3.4　生命周期

(1)建模:构建项目的第一步是要确定业务活动或流程,对业务体系结构进行记录,这些记录不仅可以用于规划 SOA,还可以用于对实际业务流程的优化。在编写代码前模拟或建模业务流程,可以使开发人员更深入地了解这些流程,从而帮助构建执行这些流程的软件。建模业务流程的程度将依赖于预期实现的深度。另外,这个程度还依赖于开发人员在开发团队中担任的角色。如果开发人员是企业架构师,那么他将会对实际的业务服务进行建模。如果开发人员是软件开发人员,那么他将可能对单个服务进行建模。

(2)组装:对业务流程进行建模和优化后,开发人员可以开始构建新的服务和(或)重用现有的服务,然后对其进行组装以形成组合应用程序,从而实现这些流程。在"建模"步骤中,开发人员已经确定了需要何种类型的服务以及服务将访问何种类型的数据,实现这些服务或访问该类数据所需的一些软件。"组装"步骤要找到已经存在的功能,并为其添加服务支持。另外,还涉及提供功能和访问数据源所需新服务的创建,以便满足 SOA 涉及业务流程范围内的需求。

(3)部署:进行了建模和组装后,要将组成 SOA 的资产部署到安全的集成环境中。此环境本身提供专门化的服务,用于集成业务中涉及的人员、流程和信息。这种级别的集成可确保将公司所有的主要元素连接到一起并协同工作。此外,部署工作还需要满足业务的性能和可用性需求,并提供足够的灵活性,以便吸纳新服务(并使旧服务退役),而不会对整个系统造成大的影响。

(4)管理:在系统就位,一切都正常运行后,开发人员需要从 IT 和业务两个角度对其开发的系统进行管理和监视。在"管理"步骤中收集的信息可帮助开发人员实时地了解业务流程,从而能更好地进行业务决策,并将信息反馈回生命周期,以进行持续的流程改进工作。在此期间,开发人员需要处理服务质量、安全、一般系统管理之类的问题。

在此步骤中,开发人员将监视和优化系统,发现和纠正效率低下的情况和存在的问题。由于 SOA 是一个迭代过程,因此开发人员不仅要找出技术体系结构中有待改进之处,还要找出业务体系结构中有待改进之处。

完成此步骤后,开发人员又要开始新的"建模"步骤。在"管理"步骤中收集的数据将被用于重复整个 SOA 生命周期。

(5)控制:SOA 是一种集中系统,可包含来自组织内的不同部门的服务,甚至还能包含来自组织外的服务。如果没有恰当的控制,这种系统很容易失控。控制对所有生命周期阶段起到巩固支撑作用,为整个 SOA 提供指导,并有助于开发人员了解系统全貌。它提供指导和控制,帮助服务提供者和使用者避免遇到意外情况。

2.4　SOA 的特性

2.4.1　开放性

当前 SOA 的实现形式是 Web 服务,基于公开的 W3C 及其他公认标准。这些标准能确保跨系统合作伙伴的互操作性,通过流程和工具进行开发与交付;帮助更好地管理 IT 资产和提高其可见性;确保服务质量;通过减少对特定实现的依赖性来提高灵活性。

SOA 采用第一代 Web 服务定义的 SOAP、WSDL 和 UDDI 以及第二代 Web 服务定义的 WS-∗ 来实现。SOAP、WSDL 和 UDDI 在前一章节中已经做了详细的介绍,这里不再赘述。SOA 所利用的第二代 Web 服务定义的 WS-∗ 相关协议包括以下几种。

WS-Security 协议基于向消息 Header(标头)添加 SOAP 扩展来存储安全元数据。这些扩展提供了将安全令牌与消息关联的通用机制,从而替代了固定的安全机制。通用平台支持不同的安全机制,此协议设计为可扩展协议。

在 OASIS 在线社区中,Web 服务的业务流程执行语言(BPEL4WS)定义如下:"此协议定义了用于基于流程及其合作伙伴间的交互描述业务流程的行为的模型和语法。它还定义与合作伙伴的多个服务交互如何协调来实现业务目标,以及此协调所必要的状态和逻辑。"由于有明确的需求,BPEL4WS 引入了处理业务异常和错误的方法,还引入了用于补偿在出现错误的情况下反转其他已提交流程的方式。因为 BPEL 需要通用支持,因此该协议以广泛认可的 WSDL 协议为基础,而 WSDL 本身又是基于 XML 的。

正如 WS-I 网站中所述:"Web 服务互操作性组织(Web Services Interoperability Organization, WS-I)是一个开放行业组织,其宗旨是为所选的 Web 服务标准提供最佳实践,提高跨平台、操作系统和编程语言的 Web 服务互操作性。"其主要目标是,在使用 Web 服务对系统互联时,为确保互操作性提供指导和建议。WS-I 具有 4 个主要的可交付内容:①概要,即描述可互操作且作为集合工作的 Web 服务的实现指导原则和最佳实践的具有版本控制的规范;②用于演示概要中指导原则的用例和使用场景;③示例应用程序;④概要遵从性测试工具。

2.4.2 自描述性

服务的调用者只需要服务的描述信息就可以完全掌握服务的所用信息,包括调用方法。

2.4.3 松耦合性

服务请求者到服务提供者的绑定与服务之间应该是松耦合的。这就意味着,服务请求者不知道服务提供者实现的技术细节,比如程序设计语言、部署平台等等。

服务提供者和服务请求者间松耦合背后的关键点是,服务接口作为与服务实现分离的实体而存在,这使得服务实现能够在完全不影响服务请求者的情况下进行修改。服务请求者往往通过消息调用操作请求消息和响应,而不是通过使用 API 和文件格式。这个松耦合使会话一端的软件可以在不影响另一端的情况下发生改变,前提是消息模式保持不变。在一个极端的情况下,服务提供者可以完全用基于 Java 语言的新代码取代以前的遗留代码,同时又不对服务请求者造成任何影响。这种情况是真实的,只要新代码支持相同的通信协议。

2.4.4　标准化的服务接口

服务是针对业务需求设计的,需要反映需求的变化,即所谓的敏捷性(agility)设计。要想真正实现业务与服务的分离,就必须使得服务的设计和部署对用户来说是完全透明的;也就是说,用户完全不必知道响应自己需求的服务的位置,甚至不必知道具体是哪个服务参与了响应。

SOA 通过服务接口的标准化描述,使 Web 服务应用功能得以通过标准化接口的方式进行描述,并基于标准化传输方式(HTTP 和 JMS)采用标准化协议(SOAP)进行调用,从而使得该服务可以提供给任何异构平台和任何用户接口使用。该接口隐藏了实现服务的细节,允许独立于实现服务基于的硬件或软件平台以及编写服务所用的编程语言使用服务。

2.4.5　无状态服务

所谓无状态服务是指服务不依赖于任何事先设定的条件,是状态无关的(State-Free)。在 SOA 架构中,服务应该是独立的、自包含的请求,在实现时它不需要获取从一个请求到另一个请求的信息或状态,不会依赖于其他服务的状态。

服务不应该依赖于其他服务的上下文和状态。当产生依赖时,它们可以定义成通用业务流程、函数和数据模型。因为服务是无状态的,它们可以被编排和序列化成多个序列(有时还采用流水线机制)以执行商业逻辑。编排指序列化服务并提供数据处理逻辑,但不包括数据的展现功能。

2.4.6 封装性

在 SOA 中,服务是被封装成用于业务流程的可重用组件的应用程序函数。封装使信息或简化业务数据从一个有效的、一致的状态向另一个状态转变。封装隐藏了复杂性。服务的 API 保持不变,使得用户远离具体实施上的变更。

2.4.7 可重用性

可重用性是指一个服务创建后能用于多个应用和业务流程。服务的可重用性设计显著地降低了成本。为了实现可重用性,服务只工作在特定处理过程的上下文中,独立于底层实现和客户需求的变更。

2.4.8 服务的互操作

在 SOA 中,服务通过服务之间既定的通信协议进行互操作,主要有同步和异步两种通信机制。SOA 提供的服务互操作特性更利于其在多个场合被重用。

2.4.9 自治的功能实体

传统的组件技术,如 . NET Remoting、EJB、COM 或者 CORBA,都需要有一个宿主(Host 或者 Server)来存放和管理这些功能实体。当这些宿主运行结束时,这些组件的寿命也随之结束。这样当宿主本身或者其他功能部分出现问题的时候,在该宿主上运行的其他应用服务就会受到影响。

在 Internet 这样松散的使用环境中,任何访问请求都有可能出错,因此任何企图通过 Internet 进行控制的结构都会面临严重的稳定性问题。SOA 非常强调架构中提供服务的功能实体的自我管理和恢复能力。常见的用来进行自我恢复的技术,如事务处理(Transaction)、消息队列(Message Queue)、冗余部署(Redundant Deployment)和集群(Cluster)系统在 SOA 中都起到至关重要的作用。

2.4.10 可从企业外部访问

通常被称为业务伙伴的外部用户也能像企业内部用户一样访问相同的服务,外部用户可以访问以 Web 服务方式提供的企业服务。

2.4.11 随时可用

当有服务使用者请求服务时,SOA 要求必须有服务提供者能够响应。大多数 SOA 都能够为门户应用之类的同步应用和 B2B 之类的异步应用提供服务。

2.4.12 分级

在服务分级方面,服务层的公开服务通常由后台系统或 SOA 平台中现有的本地服务组成,因此允许在服务层创建私有服务是非常重要的。正确的文档、配置管理和私有服务的重用对于 IT 部门在 SOA 服务层快速开发新的公开服务的能力具有重要影响。

2.4.13 各种消息模式的支持

SOA 中可能存在以下几种消息模式。

(1)无状态的消息:服务请求者向服务提供者发送的每条消息都必须包含服务提供者处理该消息所需的全部信息。这一限定使服务提供者无须存储服务请求者的状态信息,从而更易扩展。

(2)有状态的消息:服务请求者与服务提供者共享服务请求者的特定环境信息,此信息包含在服务提供者和服务请求者交换的消息中。这一限定使服务提供者与服务请求者间的通信更加灵活,但由于服务提供者必须存储每个服务请求者的共享环境信息,因此其整体可扩展性明显减弱。该限定增强了服务提供者和服务请求者的耦合关系,提高了交换服务提供者的服务难度。

在一个 SOA 实现中,常会出现混合采用不同消息模式的服务。

2.4.14 精确定义的服务协议

服务是由服务提供者和服务请求者间的协议定义的。协议规定了服务使用方法及服务请求者期望的最终结果。此外,还可以在其中规定服务质量,每项 SOA 服务都有一个与之相关的服务质量(QoS)。QoS 的一些关键元素有安全需求(例如认证和授权)、可靠通信以及谁能调用服务的策略,此处需要注意的关键点是服务协议必须进行精确定义。

2.4.15 大数据量低频率访问

对于 . NET Remoting、EJB 或者 XML-RPC 这些传统的分布式计算模型而言,它们的服务提供都是通过函数调用的方式进行的,一个功能的完成往往需要通过客户端和服务器来回很多次函数调用才能完成。在内联网(Intranet)环境下,这些调用给系统的响应速度和稳定性带来的影响都可以忽略不计,但是在 Internet 环境下这往往是决定整个系统正常工作的关键因素。因此,SOA 推荐采用大数据量的方式一次性进行信息交换。

2.4.16 基于文本的消息传递

Internet 中大量异构系统的存在决定了 SOA 必须采用基于文本而非二进制的消息传递方式。在 COM、CORBA 这些传统的组件模型中,从服务器端传往客户端的是一个二进制编码的对象,在客户端通过调用这个对象的方法来完成某些功能;但是在 Internet 环境下,不同语言、不同平台对数据,甚至是一些基本数据类型定义不同,给不同的服务之间传递对象带来很大困难。基于文本的消息本身不包含任何处理逻辑和数据类型。因此,服务间只传递文本,对数据的处理依赖于接收端的方式可以帮忙绕过兼容性这个大泥坑。

此外,对于一个服务来说,Internet 与局域网最大的一个区别就是,在Internet 上的版本管理极其困难,传统软件采用的升级方式在这种松散的分布式环境中几乎无法进行。采用基于文本的消息传递方式,数据处理端可以只选择性地处理自己理解的那部分数据,而忽略其他的数据,从而得到非常理想的兼容性。

2.5　SOA 的优势

SOA 架构带来的主要观点是业务驱动 IT,即 IT 和业务更加紧密地联系在一起。以粗粒度的业务服务为基础来对公司业务进行建模,可以产生简洁的业务和系统视图;以业务服务为基础来实现的 IT 系统更灵活、更易于重用,也更快地应对企业业务需求的变化;以业务服务为基础,通过显式的方式来定义、描述、实现和管理业务层次的粗粒度服务(包括业务流程),为业务服务模型和相关 IT 业务之间提供了更好的“可追溯性”,缩小了它们之间的差距,使得业务服务的变化更容易传递到 IT。

(1)易维护:业务服务提供者和业务服务请求者的松散耦合关系及对开放标准的采用确保了 SOA 该特性的实现。建立在 SOA 基础上的信息系统,当需求发生变化的时候,不需要修改提供业务服务的接口,只需要调整业务服务流程或者修改操作即可,整个应用系统也更容易被维护。

(2)高可用性:SOA 高可用性特点在服务提供者和服务请求者的松散耦合关系上得以发挥与体现。服务请求者无须了解服务提供者的具体实现细节。

(3)强伸缩性:SOA 依靠业务服务设计、开发和部署等所采用的架构模型实现强伸缩性,使得服务提供者可以互相彼此独立地进行调整,以满足新的服务需求。

(4)高兼容性:SOA 是基于消息请求响应的一个系统,对请求类型有高度的兼容性。Web 应用容器只能处理 HTTP 请求,而 SOA 的 ESB 可以接受 HTTP、FTP、JMS 等请求。SOA 可以将不同的平台集成到一起,从而相互协调工作。

对于面向同步和异步应用、基于请求/响应模式的分布式计算来说,

SOA 是一场革命。一个应用程序的业务逻辑(Business Logic)或某些单独的功能被模块化并作为服务呈现给消费者或客户端。这些服务的关键是它们的松耦合特性。例如,服务的接口和实现相独立。应用开发人员或者系统集成者可以通过组合一个或多个服务来构建应用,而无须理解服务的底层实现。举例来说,一个服务可以用 .NET 或 J2EE 来实现,而使用该服务的应用程序可以在不同的平台之上,使用的语言也可以不同。

2.6　SOA 与 Web 服务

Web 服务是一套技术体系,可以用来建立应用解决方案,解决特定的消息通信和应用集成问题。随着时间的推移,这些技术在不断发展、成熟,也能更好地实现 SOA。SOA 是一种软件架构,不局限于某个技术的组合(例如 Web 服务),它超越了技术范畴。在一个商业环境中,纯粹的 SOA 是一种应用软件架构,其中所有的功能都是相互独立的服务模块,通过完备定义的接口相互联系起来。只要按照一定的顺序来请求这些功能模块所提供的服务,就可以形成完整的业务流程。正如 IBM SOA 技术和策略总监 Mark Colan 先生强调的那样:"Web 服务的确是实现 SOA 一条最好的路,但不等同于 SOA。"

SOA 可以与许多其他技术结合在一起使用,而组件的封装和聚合在其中扮演着重要的角色。如前所述,SOA 可以是一个简单对象、复杂对象、对象集合、包含许多对象的流程、包含其他流程的流程,甚至还可以是输出单一结果的应用程序的整体集合。在服务之外,它可以看作单个实体,但是在其自身中,它可以具有任何级别的复杂性。出于性能方面的考虑,大多数 SOA 并没有下降到单一对象的粒度,并且更适合于大中型组件。

在理解 SOA 和 Web 服务的关系时,经常发生混淆。Web 服务并不是实现 SOA 的唯一方式,但是 SOA 的火爆在很大程度上归功于 Web 服务标准的成熟和应用的普及。根据 2003 年 4 月 Gartner 报道,Yefim V. Natis 就这个问题是这样解释的:"Web 服务是技术规范,而 SOA 是设计原则。Web

服务中的 WSDL 是一个 SOA 配套的接口定义标准,是 Web 服务和 SOA 的根本联系。"从本质上来说,SOA 是一种架构模式,而 Web 服务是利用一组标准实现的服务。Web 服务是实现 SOA 的方式之一。用 Web 服务来实现 SOA 的好处是,可以实现一个中立平台来获得服务,且随着越来越多的软件商支持越来越多的 Web 服务规范,可获取更好的通用性。

　　SOA 与 Web 的另一个重要的关系是自主计算和网格计算的概念。自主计算的概念应用于管理分布式服务体系结构的范围,具体来说,就是帮助维护策略和服务级协议以及 SOA 系统的总体稳定性。网格计算是分布式计算的一种形式,它利用分布式特性和服务之间的交互来为 SOA 应用程序提供计算支持。在这种情况下,网格起到了框架的作用,实现部分或所有单独的服务。一方面,SOA 应用程序可以是网格服务的消费者;另一方面,网格本身也可以构建在 SOA 之上。在这种情况下,每个操作系统服务都是构成整个 SOA 应用程序的成员,而 SOA 应用程序就是网格本身。因此,单独的网格组件既可以使用 Web 服务进行通信,又可以以 SOA 的方式进行交互。总而言之,网格系统可以是 SOA 本身,也可以通过提供服务在其上构建应用程序级 SOA 模型。

第3章　Web 服务组合建模及验证

3.1　国内外研究现状

近年来,随着 Web 服务标准的持续完善和支持 Web 服务的企业级软件平台的不断成熟,特别是 SOC(Service-Oriented Computing,面向服务的计算)和 SOA 概念的蓬勃兴起和应用,越来越多的企业和商业组织参与到软件即服务(Software as a Service,SaaS)的行列中来,纷纷将其业务功能和组件包装成标准的 Web 服务发布出去,实现快速便捷地寻求合作伙伴、挖掘潜在客户和达到业务增值的目的。然而,目前网络上发布的服务大多是结构简单、功能单一的服务,无法满足企业复杂应用的需要。如何有效地组合分布于网络中的各种功能服务,实现服务之间的无缝集成,形成功能强大的企业级流程服务以完成企业的商业目标,已经成为 Web 服务发展过程中一个重要的研究领域[2]。通过 Web 服务组合方法将若干 Web 服务组合,这个组合服务能否正确执行并成功实现用户既定的目标,是检验 Web 服务组合方法正确性和可用性的标准。因此,在将组合出来的流程服务正式投入运行之前,对其进行验证是至关重要的。然而,现有的许多 Web 服务及其组合描述语言都是半形式化的,容易出错且不容易对其进行检测及验证,也没有相应的形式化工具对其给予支持,这就使得 Web 服务组合的正确性很难得到保证[41]。

Web 服务组合的行为兼容性验证的主要目标是验证组合的服务之间是否能够在不违反各自内部业务逻辑的前提下,完成与其他服务的交互[2]。早期的研究工作大多停留在组合服务内部流程逻辑的正确性验证,还有对服务行为等动态属性的进一步认识上。针对上述问题,许多研究者提出了动态兼容性的验证方法,如邓水光[2]给出了接口视图、行为视图以及服务视图的概念来说明服务行为兼容性概念,并提出了行为兼容性的验证方法。Liu[42]应用 Pi 演算建模 Web 服务并形式化描述服务间的交互行为,包括服务交互的信息流、服务的角色和目标以及服务交互的信道。然而,该方法并未考虑服务的多角色和多目标情况,对所提出的建模理论的正确性尚未验证。Marwaha 等[43]将 BPEL 映射为 Pi 演算,借以处理组合服务兼容性变化问题。该方法以静态形式描述了 BPEL 中的变量及控制流,并未针对服务间的动态交互过程进行描述。也有研究者通过 Pi 演算描述、验证组合服务之间动态交互过程的正确性,但对于信道通信仅描述两个服务之间的信息交换,未考虑多个服务在信道之间的信息交换[44,45]。胡静等[46,47]使用 Pi 演算描述 Web 服务模型和服务类型正确性的判定规则,并针对业务流程运行时服务的可替换性进行验证。该方法细化了服务的相容性判定,但仍未解决多服务兼容性验证问题。以上方法大多仅考虑两个服务之间的兼容性验证,并没有给出多个服务间的行为兼容性验证方法;相比之下,本章方法针对多个 Web 服务间的行为交互问题,重点考虑服务组合兼容性的自动化验证,在服务自动组合的同时允许一个服务有多个输入、输出,且自动生成服务的进程表达式和用于进程推演的消息序列以支持自动化验证。

3.1.1　基于 Petri 网的服务组合验证方法

Petri 网作为一种基于状态的形式化建模方法,具有直观、形象、语义严格且数学分析的优点,是数据和控制流的抽象和形式化建模方法[41]。一个 Petri 网是一个定向连接的双向图,图中节点代表库所(Place)和变迁(Transition)。Petri 网具有严格的数学基础,可以广泛地应用于描述和研究具有并发、异步、分布、并行、非确定性和随机性质的信息系统,提供了一种可操作语义及定性和定量分析[41]。Hamadi 和 Benatallah[48]用 Petri 网对服务建模,把服务的操作和服务的输入、输出分别映射到 Petri 网中的变迁和库所,提出了服务 Petri 网模型,并针对服务组合中的各种结构进行形式化表达。罗楠等[49]利用有色 Petri 网对基于 Web 服务本体描述语言的服务组合系统进行形式化描述和建模,通过服务组合代数定义组合运算的基本规则,并在此基础上根据 Web 服务本体语言组合要素的相关语义建立其对应的有色 Petri 网结构。闫春钢等[6]针对通用构件描述语言(Universal Component Description Language,UCDL)提出一种 Petri 网模拟和验证方法,即对于 Web 服务的元活动和构件提出相应的 Petri 网模型及验证方法。然而对于一个复杂的 Web 服务系统,其对应的 Petri 网模型的验证分析较为复杂,有的甚至难以实现。闫春钢等[6]对 Petri 网的一类特定系统(T 图)研究了化简分析方法。李景霞和闫春钢[50]扩充了化简规则,讨论了化简过程对语义的保持关系。

3.1.2　基于有限自动机的服务组合验证方法

基于有限自动机的 Web 服务模型与验证也有不少研究成果。Foster 等[51]采用有限状态机对基于 BPEL 描述的服务组合流程进行建模,通过检验流程安全性和活性等属性来验证服务的正确性。Wombacher 等[52]同样采用有限状态机对 Web 服务行为进行建模,验证了两个服务之间协作的正确性。曹永忠等[53]通过举例对 Web 服务的行为进行了详细的分析,介绍了基于 WSDL+BPEL 的 Web 服务的行为的描述方法,然后推荐了对自动机定义进行扩展的方法。Wombacher 等[54]用带注释的自动机定义 Web 服务。雷丽晖和段振华[7]为简化并自动化组合 Web 服务验证,提出一种基于扩展确定有限自动机(Extended Deterministic Finite Automata,EDFA)验证组合 Web 服务的方法。

3.1.3　基于进程代数的服务组合验证方法

进程代数是一类使用代数方法研究通信并发系统的理论的泛称,它可用来对并发和动态变化的系统进行建模,是目前描述 Web 服务的数学理论之一,其中包括了通信系统演算(Calculus of Communicating Systems,CCS)、通信顺序进程(Communicating Sequential Processes,CSP)和 Pi 演算等。CCS 和 Pi 演算在 Web 服务组合分析与验证中使用较多。以 CCS 为代表的进程代数方法,因其概念简洁,可用的数学工具丰富,在并发系统的规范、分析、设计和验证等方面获得了广泛应用。香港科技大学的 Shing Chi Cheung 和帝国理工学院的 Jeff Kramer 首次将 CSP 描述的并发模型应用于可达性分析。他们提出的检测方法被称为组合可达性分析技术,该方法首次应用进程代数等价理论约减并发模型状态空间,一定程度上避免了状态爆炸问题。魏丫丫等[55]提出用 CSP 描述工作流的方法,并给出了模型可适应问题的解决方法,其中进程代数的组合(Composition)特点可以将简单的工作流模型组合成复杂的工作流模型,从而解决复杂系统的模型问题,并为工作流模型的可重用性提供有力的支持。刘方方等[56]提供了一种基于进程代数的 Web 服务合成的替换分析方法。Brogi 等[57]采用 CCS 对 Web 服务编排协议之一的 Web 服务编排接口(Web Service Choreography Interface,WSCI)进行形式化建模,并对 WSCI 中参与交互的服务进行兼容性和可替换性分析;此外对两个无法正常交互的服务,还提供了适配器机制使得两者能够实现通信。

Pi 演算是一种基于命名概念的并发计算模型,它是由 Robin Milner 等在 CCS 的基础上提出的一种用于刻画和分析通信拓扑结构动态变化的分布式通信系统[2]。Pi 演算是对 CCS 的发展。与 CCS 和 CSP 相比,Pi 演算允许进程之间传送和接收通道名,因此 Pi 演算能够方便地刻画系统结构的动态变化,它不仅形式非常简洁,而且具有很强的表达能力,是描述分布式松耦合的移动、交互、并发系统的理论模型,它提供了相关概念、理论、方法和数学工具,是一种对系统进行建模和验证的有效形式化方法[2]。

在利用以上各种进程代数方法描述验证 Web 服务的过程中,研究人员提出了基于多种演算的方法和模型,如 SPIN(Simple Promela Interpreter,简单进程元语言解释器)模型、LTSA(Labeled Transition System Analyzer,标记变迁系统分析器)工具、PAC(Process Algebra Compiler,进程代数编译器)工具和 CWB-NC(Concurrency Workbench of the New Century)工具。目前,这方面的研究工作开始引起国内外研究人员的关注,但还有待对服务行为等动态属性的进一步深入研究。

尽管以上 3 种形式化方法的表达方式、数学理论基础等方面各不相同,但对于 Web 服务组合验证而言,其验证能力基本相当。然而,在使用的方便程度以及计算复杂度方面还是存在差异的。采用 Petri 网或者自动机对服务组合进行描述,尽管较为直观,但在服务流程规模变大、服务数量变多、服务间交互变复杂的情况下,往往会引起状态空间爆炸,因此,这两类方法的复杂度随着服务组合规模的增大而急剧增大[2]。与此相比,基于进程代数的方法由于采用了进程表达式描述系统,表达能力强而且形式更为简洁,加之进程代数(特别是 Pi 演算中的行为理论)为 Web 服务组合验证提供了良好的理论基础。因此,本书采用 Pi 演算对 Web 服务组合中的行为兼容性问题展开研究,主要应用 Pi 演算对 Web 服务组合建模,将对服务间的行为兼容性验证转化为对进程表达式的推演,根据推演结果判定服务是否兼容。

3.2　Pi 演算

3.2.1　Pi 演算的基本概念

并发理论是指计算机科学中并行和分布式系统理论,进程代数是并发理论中的一个研究领域。进程代数的研究最早要追溯到 20 世纪 70 年代早期,主要目的是描述时间。进程代数是泛代数中的一种结构,它满足特殊的公理集。自1984 年起,进程代数就被视为一个科学研究领域。目前,进程代数是一种形式化地描述复杂并发系统的建模工具,是一种高层的描述语言,是支持并发分布系统的组合描述及其形式化证明的代数语言。它以代数形式来描述模型,并为模型化系统定义了一套完整的语法和语义。

进程代数有很多种,其中主要有 ACP(Algebra of Communicating Processes,通信进程代数)、CSP、CCS 和 LOTOS(Language of Temporal Ordering Specifications,时态次序语言)等。这些进程代数可以通过附加时间或概率信息等指标加以扩展,时期表达力更强,可用于并发系统性能评价。

Pi 演算是以进程间的移动通信为研究重点的并发理论,它是对 CCS 的发展[3]。Pi 演算是一种移动进程代数,可对并发和动态变化的系统进行建模。Jeannette M. Wing 也把 Pi 演算定义为一种关于并发系统的计算模型。

一个 Pi 演算系统通过进程(Processes)、通道(Channels)和名字(Names)来描述。进程彼此间相互独立,并且使用通道连接彼此、互相交流。通道是连接两个进程间相互通信的抽象体。进程与其他进程之间是通过通道来发送和接收信息的,而一个名字则是寻址的最基本单元。

由于 Pi 演算不但可以传递 CCS 中的变量和值,还可以传递通道名,并将这些实体统称为名字而不作区分,因此它具有建立新通道的能力,可以用来描述结构不断变化的并发系统[3]。

3.2.2　Pi 演算的语法定义

设 P、Q、R 代表进程,其中:

(1)"Summation:0"表示进程结束。

(2)"Prefix:$\tau. P$"表示执行 τ 动作后执行进程 P ,τ 被称作哑前缀,表示进程内部不可见的动作。

(3)"Prefix:$a(x). P$"表示在以 a 命名的通道下接收任意一个名字 z,然后执行进程 $P\{z/x\}$ ($P\{z/x\}$ 表示将 P 中的名字 x 替换成接收的名字 z),其中 $a(x)$ 被称作肯定前缀,a 被视为一个输入端口,名字 x 被肯定前缀 $a(x)$ 所绑定。

(4)"Prefix：$\bar{a}(x). P$"表示通过以 $\bar{a}$ 命名的通道输出名字 x，然后执行进程 P，$\bar{a}(x)$ 叫作否定前缀，$\bar{a}$ 被视为一个包含 x 的输出端口。

(5)"Summation：$P+Q$"表示执行进程 P 或 Q 其中一个进程，并且只能执行一个进程，当有两个以上进程时，也可表示为 $\sum_{i \in I} P_i$（这里的集合 I 是有限集）。

(6)"Composition：$P|Q$"表示并行执行 P 和 Q 两个进程，这两个进程相互独立，并且这两个进程也可以通过通道彼此进行交流，如果进程 P（或 Q）在任意输出端口 $\bar{a}$ 有输出动作，那么同时进程 Q（或 P）也可在同一通道 a 上有接收动作，P 和 Q 之间还可以发生内部哑操作。

(7)"Match：$[x=y]P$"表示如果名字 x 与名字 y 是完全相同的，则执行进程 P，否则为空进程，不做任何动作。

(8)"Restriction：$(vx)P$"表示将名字 x 限制到进程 P 中使用，x 是 P 的私有名字。

(9)"Defined：$A(z_1, \cdots, z_n)$"表示对于标识符 A，必须存在唯一的定义等式 $A(x_1, \cdots, x_n) \overset{\text{def}}{=} P$，其中名字 $x_1, \cdots, x_n$ 互不相同并且在 P 中都是自由名，满足以上条件就执行进程 $P\{z_1/x_1, \cdots, z_n/x_n\}$（定义等式提供了一个循环，因为进程 P 可以包含任意标识符，甚至 A 本身）。

由此，可以将 Pi 演算语法定义如下：

$$P::=0 \mid \tau. P \mid a(x). P \mid \bar{a}(x). P \mid P+Q \mid (P|Q) \mid [x=y]P \mid (vx)P \mid A(z_1, \cdots, z_n)$$

以上操作的优先级关系如下：

因此，$(vx)P \mid \tau. Q+R$ 等价于 $(((vx)P) \mid (\tau. Q))+R$。

对于 Pi 演算中的一个进程 P，其所有名字组成的集合记为 $n(P)$，其中包括自由名（Free Occurrence of Name）和受限名（Bounded Occurrence of Name）。自由名组成的集合记为 $fn(P)$，受限名组成的集合记为 $bn(P)$，且

$bn(P) = n(P) - fn(P)$。

下面给出一些相关定义：

(1)称名字 w 对进程 P 是新鲜(Fresh)的，$w \bar{\in} n(P)$。

(2)自由名的代入：对任何进程 P，进程 $P\{z/x\}$ 是将 P 里每个自由出现的 x 改为 z 而得到的进程，称为在进程 P 里对自由名 x 进行代入。

(3)受限名的改名：①对进程 $a(x).P$ 的受限名 x，如果 $z \notin fn(P)$，可用 z 改名并将改名结果记为 $a(z).P\{z/x\}$；②对进程 $(vx)P$ 的受限名 x，如果 $z \notin fn(P)$，可用 z 改名并将改名结果记为 $(vz)P\{z/x\}$。

其中，对 $a(x).P$ 或 $(vx)P$ 改名的结果并不导致 $a(x).P$ 或 $(vx)P$ 里的任何名字的自由出现变为受限出现；为防止改名失败，可简单地使用新鲜名字来改名。

如果 P、Q、R 三个进程都包含自由名 x，可以用图 3.1 表示 $P|Q|R$。

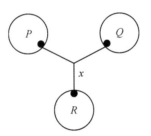

图 3.1　$P|Q|R$ 图示

如果 P、Q、R 三个进程共享的名字 x 是受限名，可以用图 3.2 表示 $(vx)$$(P|Q|R)$。

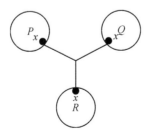

图 3.2　$(vx)(P|Q|R)$ 图示

因此，有如下等式：

(1) $fn(0) = \varnothing$；

(2) $fn(\tau) = \varnothing$；

(3) $fn(a(x).P) = \{a\} \bigcup (fn(P) - y)$；

(4) $fn(\bar{a}(x).P) = \{a, x\} \bigcup fn(P)$；

(5) $fn(P + Q) = fn(P) \bigcup fn(Q)$；

(6) $fn(P \mid Q) = fn(P) \bigcup fn(Q)$；

(7) $fn((vx)P) = fn(P) - \{x\}$；

(8) $fn([x = y]P) = \{x, y\} \bigcup fn(P)$。

3.2.3　Pi 演算的结构等价规则

若 Q 可由 P 的受限名改名而得，则称 P 与 Q 是 α 同余（α-congruence）的，并记为 $P \equiv_a Q$。显然，"$\equiv_a$"是自反、对称与传递的等价关系。例如，下面定义的进程 C_1 与 C_2 是 α 同余的：

$$C_1 = a(x).P \mid a(y).Q \mid (vz)a(z).R$$
$$C_2 = a(x).P \mid a(y).Q \mid (vw)a(w).R$$

两个不同的 Pi 演算尽管结构不一样，但是实质上表示的可能是同一个进程，这就是 Pi 演算中的结构同余（Structural Congruence），用"$\equiv$"来表示。结构同余是 Pi 演算中最严格的一种等价原则，它定义了如下一系列结构等价规则。

(1) 若 $P \equiv_a Q$，则 $P \equiv Q$；

(2) $P + 0 \equiv P$；

(3) $P \mid 0 \equiv P$；

(4) $P + P \equiv P$；

(5) $P \mid Q \equiv Q \mid P$；

(6) $P + Q \equiv Q + P$；

(7) $P \mid (Q \mid R) \equiv (P \mid Q) \mid R$；

(8) $P + (Q + R) \equiv (P + Q) + R$；

(9) $(vx)0 \equiv 0$；

(10) $(vx)(P + Q) \equiv P + (vx)Q$　if $x \notin fn(P)$；

(11) $(vx)(P \mid Q) \equiv P \mid (vx)Q$　if $x \notin fn(P)$。

3.2.4　Pi 演算的操作语义

Pi 演算中的操作语义与 CCS 中对应的定义有相同的结构,尽管如此,在相当大的程度上细节都是不同的。简要地说,CCS 与目前的 Pi 演算之间的区别主要来自于受限操作符(vx)。

Pi 演算的操作语义是通过标记变迁系统(Labeled Transition System, LTS)定义的一系列规则,用于说明进程能够执行的动作,以表明进程的行为能力。每条规则都以 A/B 这样的形式出现,表示如果 A 成立,则 B 也成立。

$$\text{TAU-ACT：} \frac{\quad\overline{\quad\quad}\quad}{\tau. P \xrightarrow{\tau} P}$$

TAU-ACT 规则表示进程 $\tau. P$ 在执行完内部哑操作之后,无条件地演变成进程 P。

$$\text{OUTPUT-ACT：} \frac{\quad\overline{\quad\quad\quad}\quad}{\overline{x}(y). P \xrightarrow{\overline{x}(y)} P}$$

OUTPUT-ACT 规则表示进程 $\overline{x}(y). P$ 在执行完输出操作之后,无条件地演变成进程 P。

$$\text{INPUT-ACT：} \frac{\quad\overline{\quad\quad\quad\quad\quad}\quad}{x(z). P \xrightarrow{x(w)} P\{w/z\}}, w \notin fn((z)P)$$

INPUT-ACT 规则表示进程 $x(z). P$ 在执行完输入操作之后,即在通道 x 中输入名字 w 代替名字 z 之后,无条件地演变成进程 P,并将进程 P 中的名字 z 也用名字 w 代替。

$$\text{SUM：} \frac{P \xrightarrow{\alpha} P'}{P + Q \xrightarrow{\alpha} P'}$$

SUM 规则表示若进程 P 在执行完操作 α 之后演变成进程 P',则进程

$P+Q$在执行完操作 α 之后同样可以演变成进程 P'。这里的操作 α 表示操作 $x(y)$、$\overline{x}(y)$ 或 τ。

$$\text{MATCH}: \frac{P \xrightarrow{\alpha} P'}{[x=y]P \xrightarrow{\alpha} P'}$$

MATCH 规则表示若进程 P 在执行完操作 α 之后演变成进程 P'，则如果名字 x 与 y 完全相同，那么进程 P 在执行完操作 α 之后同样可以演变成进程 P'。

$$\text{PAR}: \frac{P \xrightarrow{\alpha} P'}{P \mid Q \xrightarrow{\alpha} P' \mid Q}, bn(\alpha) \bigcap fn(Q) = \varnothing$$

PAR 规则表示若进程 P 在执行完操作 α 之后演变成进程 P'，且 α 中的受限名不出现在进程 Q 的自由名中，则进程 $P \mid Q$ 在执行完操作 α 之后可以演变成 $P' \mid Q$。其中，条件 $bn(\alpha) \bigcap fn(Q) = \Phi$ 保证了该规则的正确性，若不满足该条件则进程 $P \mid Q$ 就无法演变成 $P' \mid Q$。

$$\text{COM}: \frac{P \xrightarrow{\overline{x}(y)} P' \text{ and } Q \xrightarrow{x(z)} Q'}{P \mid Q \xrightarrow{\tau} P' \mid Q'\{y/z\}}$$

COM 规则表示若进程 P 在执行完输出操作 $\overline{x}(y)$，即从通道 x 输出名字 y 之后演变成进程 P'，且进程 Q 在执行完输入操作 $x(z)$，即在通道 x 接收名字 z 之后演变成进程 Q'，则进程 $P \mid Q$ 在执行完哑操作 τ 之后可以演变成 $P' \mid Q'\{y/z\}$。

$$\text{CLOSE}: \frac{P \xrightarrow{\overline{x}(w)} P' \text{ and } Q \xrightarrow{x(w)} Q'}{P \mid Q \xrightarrow{\tau} (vw)(P' \mid Q')}$$

CLOSE 规则表示若进程在执行完输出操作 $\overline{x}(w)$，即从通道 x 输出名字 w 之后演变成进程 P'，且进程 Q 在执行完输入操作 $x(w)$，即在通道 x 接收名字 w 之后演变成进程 Q'，则进程 $P \mid Q$ 在执行完哑操作 τ 之后可以演变成 $(vw)(P' \mid Q')$。

$$\text{RES}: \frac{P \xrightarrow{\alpha} P'}{(vy)P \xrightarrow{\alpha} (vy)P'}, y \notin n(\alpha)$$

RES 规则表示若进程 P 在执行完操作 α 之后演变成进程 P',且 $y\notin n$ (α),即名字 y 对 α 是新鲜的,则进程 $(vy)P$ 在执行完操作 α 之后可以演变成进程 $(vy)P'$。

$$\text{OPEN}:\ \frac{P\xrightarrow{\overline{x}(y)}P'}{(vy)P\xrightarrow{\overline{x}(w)}P'\{w/y\}},y\neq x,w\notin fn((vy)P')$$

OPEN 规则表示若进程 P 在执行完输出操作 $\overline{x}(y)$,即从通道 x 输出名字 y 之后演变成进程 P',且 $y\neq x$,w 也不出现在进程 $(vy)P'$ 的自由名中,则进程 $(vy)P$ 在执行完输出操作 $\overline{x}(w)$,即从通道 x 输出名字 w 之后可以演变成进程 $P'\{w/y\}$。

3.2.5　Pi 演算的行为等价理论

Pi 演算的行为等价理论是判断两个并发执行的并且与外部存在交互的系统之间是否具有等价行为(Equivalent Behavior)。如果两个系统具有等价行为,则可以在任何环境中使用一个系统去替换另一个系统。Pi 演算中的行为等价理论在互模拟技术的基础上,提供了基于强互模拟的强等价关系和基于弱互模拟的弱等价关系。

定义 3.1　如果进程上的二元关系 $\Re$ 对于二元组 $P\Re Q$ 满足下面 3 个条件,则关系 $\Re$ 为强模拟。

(1)若 $P\xrightarrow{\alpha}P'$,且 $\alpha\in\{\tau,\overline{x}(y)\}$,则存在一个进程 Q',满足 $Q\xrightarrow{\alpha}Q'$ 且 $P'\Re Q'$;

(2)若 $P\xrightarrow{x(y)}P'$,且 $y\in n(P)\bigcup n(Q)$,则存在一个进程 Q',满足 $Q\xrightarrow{x(y)}Q'$ 且对于从 x 接收的任意名字 w 都有 $P'\{w/y\}\Re Q'\{w/y\}$;

(3)若 $P\xrightarrow{\overline{x}(y)}P'$,且 $y\in n(P)\bigcup n(Q)$,则存在一个进程 Q',满足 $Q\xrightarrow{\overline{x}(y)}Q'$ 且 $P'\Re Q'$。

定义 3.2　如果关系 $\Re$ 和 $\Re$ 的逆都是强模拟,则关系 $\Re$ 为强互模拟关系。

定义 3.3　如果在进程 P 和 Q 之间存在一个强互模拟 $\Re$ 使得 $(P,Q)\in$

$\Re$，即 P 和 Q 是强互模拟的，则这两个进程为强等价，记为 $P \sim Q$，或者称为强互相似。

定义 3.4 如果进程上的二元关系 $\Re$ 对于二元组 $P\Re Q$ 满足下面两个条件，则关系 $\Re$ 为弱模拟。

(1)若 $P \xrightarrow{\alpha} P'$，且 $\alpha = a(x)$，则 $\exists Q'': Q \Rightarrow \xrightarrow{a(x)} Q'' \wedge \forall u \in Q' : Q''\{u/x\} \Rightarrow Q' \wedge P'\{u/x\}\Re Q'$ 且 $P'\Re Q'$。

(2)若 $P \xrightarrow{x(y)} P'$，且 $\alpha \neq a(x)$，则 $\exists Q' : Q \xRightarrow{\alpha} Q' \wedge P'\Re Q'$。

这里定义了两个记号：$\Rightarrow \overset{\text{def}}{=} \xrightarrow{\tau}{}^{*}$，即 $\Rightarrow$ 为 $\rightarrow$ 的传递自反闭包，$\overset{S}{\Rightarrow} \overset{\text{def}}{=} \Rightarrow \xrightarrow{\alpha_1} \Rightarrow \cdots \Rightarrow \xrightarrow{\alpha_n} \Rightarrow$，其中 $S = \alpha_1 \alpha_2 \cdots \alpha_n$。

定义 3.5 如果关系 $\Re$ 和 $\Re$ 的逆都是弱模拟，则关系 $\Re$ 为弱互模拟关系。

定义 3.6 如果在进程 P 和 Q 之间存在一个弱互模拟 $\Re$ 使得 $(P,Q) \in \Re$，即 P 和 Q 是弱互模拟的，则这两个进程为弱等价，记为 $P \approx Q$，或者称为弱互相似。

进程间的强互模拟要求进程的内部行为与外部行为都要一致，如果两个进程为强互模拟，则其中一个进程的任意行为动作都可以被另一个进程所模拟，反之亦然。而进程间的弱互模拟允许模拟进程在执行模拟操作的前后可以执行若干内部通信动作，但在外部看来其行为是一致的，即其中一个进程所能执行的动作，另一个进程也能模拟。

3.3 基于 Pi 演算的多服务行为建模及验证

本书根据实际生活中的机票预订服务进行建模，将其划分为订票服务、客户代理服务和机票数据服务 3 个服务，对 3 个服务的交互过程进行必要的简化，以使验证过程不至于过于复杂，达到对 3 个服务组合兼容性验证的目的。

3.3.1　Web 服务描述

3.3.1.1　Web 服务行为

Web 服务行为主要指服务内部状态的变迁和消息(数据)的流转。我们以图 3.3 所示的订票服务 Agency 为例来说明。

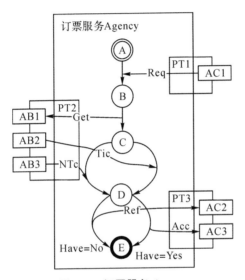

图 3.3　订票服务 Agency

从图 3.3 可以看出,该服务包含 3 个端口类型(PortType):PT1、PT2 和 PT3。其中,PT1 包含 AC1 这个操作,PT2 包含 AB1、AB2 和 AB3 三个操作,PT3 包含 AC2 和 AC3 这两个操作。

订票服务的内部流程逻辑描述如下:服务在初始状态 A 获得客户代理 Client 的一个订票请求消息 Req(Request)之后进入状态 B。在状态 B 订票服务向机票数据服务 Data 发送请求信息 Get(GetTickInfo),请求当前可获得的机票信息之后进入状态 C。如果订票服务在状态 C 接收到机票数据服务发送的有票信息 Tic,则进入状态 D;如果订票服务在状态 C 接收到机票数据服务发送的无票信息 NTc,也进入状态 D。如果存在客户请求的机票数据(即 Have=Yes),则订票服务在状态 D 向客户代理发送接受请求的消息 Acc(Accept)，由状态 D 进入结束状态 E，服务实例结束；如果不存在客户请求的机票数据（即 Have＝No），则订票服务在状态 D 向客户代理发送拒绝请求的消息 Ref(Refusal)，由状态 D 进入结束状态 E，服务实例结束。通过以上一系列服务内部状态的变迁和消息（数据）的流转，一次服务就完成了。

3.3.1.2 Web 服务视图

Web 服务视图包含了外部接口视图和内部行为视图。在外部接口视图中，服务提供操作以供外界调用，从而完成消息的接收和发送；在内部行为视图中，在消息收发动作的触发下，服务根据一定的业务过程从起始状态经过状态的变迁最终到达结束状态。

定义 3.7 服务接口视图可以形式化地定义为五元组 $IV = (T, P, M, f_p, f_m)$，其中：

（1）T 为服务的端口类型集合；

（2）P 为服务包含的操作集合，对于 P 中的一个元素 $p \in P$，引入标记 $type(p)$ 用于标识该操作所属的类型；

（3）M 为服务的消息集合；

（4）f_p 为端口类型集合到操作集合的超集的映射，用于标识每一个端口类型所包含的操作；

（5）f_m 为操作集合到消息集合的超集的映射，用于标识每一个操作所接收或发送的消息。

在 WSDL 中定义了 4 种端口类型，如表 3.1 所示。

表 3.1　WSDL 端口操作类型

类　　型	定　　义
One-Way	此操作可接收消息，但不会返回响应
Request-Response	此操作可接收一个请求，并会返回一个响应
Solicit-Response	此操作可发送一个请求，并会等待一个响应
Notification	此操作可发送一条消息，但不会等待响应

在上述 4 种操作类型中,Request-Response 类型的操作可以先后由一个 One-Way 类型的操作和一个 Notification 类型的操作来表示,而 Solicit-Response 类型的操作可以先后由一个 Notification 类型的操作和一个 One-Way 类型的操作来表示。因此,在服务接口视图的定义中 $type(p) = \{Oneway, Notification\}$。

根据服务接口视图的定义,图 3.3 所示的订票服务的接口视图可以定义为 $IV_{\mathrm{Agency}} = (T, P, M, f_{\mathrm{p}}, f_{\mathrm{m}})$,其中:

(1) $T = \{PT1, PT2, PT3\}$;

(2) $P = \{AC1, AC2, AC3, AB1, AB2, AB3\}$;

(3) $M = \{Req, Get, Tic, NTc, Ref, Acc\}$;

(4) $f_{\mathrm{p}}(PT1) = \{AC1\}$;

(5) $f_{\mathrm{p}}(PT2) = \{AB1, AB2, AB3\}$;

(6) $f_{\mathrm{p}}(PT3) = \{AC2, AC3\}$;

(7) $f_{\mathrm{m}}(AC1) = \{Req\}$;

(8) $f_{\mathrm{m}}(AC2) = \{Ref\}$;

(9) $f_{\mathrm{m}}(AC3) = \{Acc\}$;

(10) $f_{\mathrm{m}}(AB1) = \{Get\}$;

(11) $f_{\mathrm{m}}(AB2) = \{Tic\}$;

(12) $f_{\mathrm{m}}(AB3) = \{NTc\}$。

定义 3.8　内部行为视图可以形式化的定义为一个四元组 $BV = \{S, s_0, s_{\mathrm{f}}, R\}$,其中:

(1) S 为服务的状态集合;

(2) s_0 为服务的起始状态;

(3) s_{f} 为服务的结束状态;

(4) R 为服务状态的迁移集合,而每一个状态迁移 r 又可以形式化为一个五元组 $r = (s_{\mathrm{b}}, s_{\mathrm{e}}, C, a, M)$;其中,$s_{\mathrm{b}}$ 为迁移的起始状态,s_{e} 为迁移的目标状态,C 为迁移能够发生的条件集合,a 为迁移的触发动作($a \in \{receive, send\}$,$receive$ 表示消息接收动作,$send$ 表示消息发送动作),M 为触发动作所关联的消息集合(M 中每一个元素 m 均具有一定的方向,记为 $d(m)$;若 m 与

$receive$ 类型的触发动作相关联,则该消息的方向为＋;若 m 与 $send$ 类型的触发动作相关联,则该消息的方向为－;即 $d(m) \in \{+,-\}$)。

根据服务行为视图的定义,图 3.3 所示的订票服务的行为视图可以定义为 $BV_{\text{Agency}} = (S, s_0, s_f, R)$,其中:

(1) $S = \{A, B, C, D, E\}$;

(2) $s_0 = A$;

(3) $s_f = E$;

(4) $R = \{r_1, r_2, r_3, r_4, r_5, r_6\}$;

(5) $r_1 = (A, B, \varnothing, receive, \{+Req\})$;

(6) $r_2 = (B, C, \varnothing, send, \{-Get\})$;

(7) $r_3 = (C, D, \varnothing, receive, \{+Tic\})$;

(8) $r_4 = (C, D, \varnothing, receive, \{+NTc\})$;

(9) $r_5 = (D, E, \{Have = Yes\}, send, \{-Acc\})$;

(10) $r_6 = (D, E, \{Have = No\}, send, \{-Ref\})$。

定义 3.9　根据以上两个定义,一个服务 s 所对应的服务视图 SV 可以形式化地定义为一个四元组 $SV = (s, IV, BV, f_{\text{IB}})$,其中:

(1) s 为服务视图所对应的服务;

(2) IV 为服务接口视图;

(3) BV 为服务行为视图;

(4) f_{IB} 为行为视图与接口视图的关联映射,用于说明行为视图中迁移的触发动作与接口视图中操作的对应关系。

根据服务视图定义,图 3.3 所示的订票服务的服务视图可以定义为 $SV_{\text{Agency}} = (s, IV_{\text{Agency}}, BV_{\text{Agency}}, f_{\text{IB}})$,其中:

(1) $f_{\text{IB}}(r_1) = AC1$;

(2) $f_{\text{IB}}(r_2) = AB1$;

(3) $f_{\text{IB}}(r_3) = AB2$;

(4) $f_{\text{IB}}(r_4) = AB3$;

(5) $f_{\text{IB}}(r_5) = AC3$;

(6) $f_{\mathrm{IB}}(r_6) = AC2$。

在给定服务 s 和其服务视图 SV 后,在服务 s 的行为视图 BV 中,从起始状态 s_0 到 BV 中其他任意一个状态 s_n 的一条迁移路径 $st =< r_i, \cdots, r_j, \cdots, r_k >$ 上的操作组成的有序队列 $PQ =< f_{\mathrm{IB}}(r_i), \cdots, f_{\mathrm{IB}}(r_j), \cdots, f_{\mathrm{IB}}(r_k) >$ 称为该服务视图的一条操作序列,其长度记为 $l_{PQ} = \mid PQ \mid$;若 s_n 为结束状态,则该操作序列称为完全操作序列。

在图 3.3 所示的服务视图中,包含了两条完全操作序列:

(1) $PQ_1 =< AC1, AB1, AB2, AC3 >$;

(2) $PQ_2 =< AC1, AB1, AB3, AC2 >$。

3.3.2　基于 Pi 演算的 Web 服务描述

Pi 演算中的进程与 Web 服务有很多的相似性,这也是选择 Pi 演算对 Web 服务进行建模的原因之一。Web 服务与外界进行交互主要通过 Web 服务接口视图中的操作,即消息的接收和发送;而 Pi 演算的进程则是通过对外通道与外界进行消息的接收和发送。所以,接口视图中的操作与进程中的通道相对应,操作中接收和发送的消息则与通道接收和发送的消息相对应;同样,Web 服务的行为视图中的每一个迁移则同进程与外界交互的迁移相对应。因此,我们可以很容易地采用 Pi 演算这种形式化方法来描述 Web 服务。下面我们先给出 Web 服务接口视图中的操作与 Pi 演算中进程通道之间的对应关系,如表 3.2 所示。

表 3.2　Web 服务操作与进程表达式

服务操作类型	操作示例	进程表达式
One-Way	＜operation name = "a"＞ 　＜input message = "x" /＞ ＜/operation＞	$a(x)$
Notification	＜operation name = "a"＞ 　＜output message = "x" /＞ ＜/operation＞	$\bar{a}(x)$

图 3.3 所示的 Web 服务可以表达成如式 3.1 所示的进程 P_{Agency}，该进程通过通道 AC1～AC3 和 AB1～AB3 这 6 个通道与外界进行通信，其中通道 AC1、AB2 和 AB3 为消息接收通道，AC2、AC3 和 AB1 为消息发送通道。

$$P_{\text{Agency}} = AC1(Req).\overline{AB1}(Get).(AB2(Tic)$$
$$+ AB3(NTc)).(\overline{AC2}(Ref) + \overline{AC3}(Acc)) \tag{3.1}$$

客户代理 Client 的内部流程逻辑描述如下：服务在初始状态 A 向订票服务发送一个订票请求消息 Req 之后进入状态 B'。如果客户代理接收到请求被拒绝的消息 Ref，则进入结束状态 E，服务实例结束；如果客户代理接收到请求被接收的消息 Acc，则进入结束状态 E，服务实例结束。通过以上一系列的服务内部状态的变迁和消息（数据）的流转，一次服务就完成了。

根据服务接口视图的定义，图 3.4 所示的客户代理的接口视图可以定义为 $IV_{\text{Client}} = (T, P, M, f_{\text{p}}, f_{\text{m}})$，其中：

(1) $T = \{PT1, PT3\}$；

(2) $P = \{AC1, AC2, AC3\}$；

(3) $M = \{Req, Ref, Acc\}$；

(4) $f_{\text{p}}(PT1) = \{AC1\}$；

(5) $f_{\text{p}}(PT3) = \{AC2, AC3\}$；

(6) $f_{\text{m}}(AC1) = \{Req\}$；

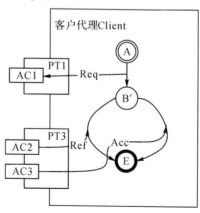

图 3.4　客户代理 Client

(7) $f_m(AC2) = \{Ref\}$;

(8) $f_m(AC3) = \{Acc\}$。

根据服务行为视图的定义,图 3.4 所示的客户代理的行为视图可以定义为 $BV_{Client} = (S, s_0, s_f, R)$,其中:

(1) $S = \{A, B', E\}$;

(2) $s_0 = A$;

(3) $s_f = E$;

(4) $R = \{r_1, r_2, r_3\}$;

(5) $r_1 = (A, B', \varnothing, send, \{-Req\})$;

(6) $r_2 = (B', E, \varnothing, receive, \{+Ref\})$;

(7) $r_3 = (B', E, \varnothing, receive, \{+Acc\})$。

根据服务视图定义,图 3.4 所示的客户代理的服务视图可以定义为 $SV = (s, IV_{Client}, BV_{Client}, f_{IB})$,其中:

(1) $f_{IB}(r_1) = AC1$;

(2) $f_{IB}(r_2) = AC2$;

(3) $f_{IB}(r_3) = AC3$。

在图 3.4 所示的服务视图中,包含了两条完全操作序列:

(1) $PQ_1 = <AC1, AC2>$;

(2) $PQ_2 = <AC1, AC3>$。

图 3.4 所示的 Web 服务可以表达成如式 3.2 所示的进程 P_{Client},该进程通过 AC1、AC2 和 AC3 这 3 个通道与外界进行通信,其中通道 AC2 和 AC3 为消息接收通道,AC1 为消息发送通道。

$$P_{Client} = \overline{AC1}(Req).(AC2(Ref) + AC3(Acc)) \tag{3.2}$$

机票数据服务(Data)的内部流程逻辑描述如下:服务在初始状态 B 接收到订票服务发送的请求信息 Get(GetTickInfo),发送当前可获得的机票信息之后进入状态 C。如果机票数据服务在状态 C 的信息是有票(即 Have = Yes),则向订票服务发送信息 Tic,然后进入结束状态 D,服务实例结束;如果机票数据服务在状态 C 的信息是无票(即 Have = No),则向订票服务发送信息 NTc,然后也进入结束状态 D,服务实例结束。通过以上一系列的服务内部状态的变迁和消息(数据)的流转,一次服务就完成了。

根据服务接口视图的定义,图 3.5 所示的机票数据服务的接口视图可以定义为 $IV_{Data} = (T,P,M,f_p,f_m)$,其中:

(1) $T = \{PT2\}$;

(2) $P = \{AB1,AB2,AB3\}$;

(3) $M = \{Get,Tic,NTc\}$;

(4) $f_p(PT2) = \{AB1,AB2,AB3\}$;

(5) $f_m(AB1) = \{Get\}$;

(6) $f_m(AB2) = \{Tic\}$;

(7) $f_m(AB3) = \{NTc\}$。

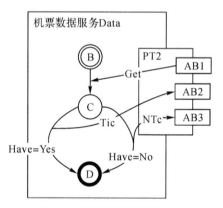

图 3.5　机票数据服务 Data

根据服务行为视图的定义,图 3.5 所示的机票数据服务的行为视图可以定义为 $BV_{Data} = (S,s_0,s_f,R)$,其中:

(1) $S = \{B,C,D\}$;

(2) $s_0 = B$;

(3) $s_f = D$;

(4) $R = \{r_1,r_2,r_3\}$;

(5) $r_1 = (B,C,\varnothing,receive,\{+Get\})$;

(6) $r_2 = (C,D,\{Have = Yes\},send,\{-Tic\})$;

（7）$r_3 = (C, D, \{Have = No\}, send, \{- Ntc\})$。

根据服务视图定义，图 3.5 所示的机票数据服务的服务视图可以定义为 $SV_{\text{Data}} = (s, IV_{\text{Data}}, BV_{\text{Data}}, f_{\text{IB}})$，其中：

（1）$f_{\text{IB}}(r_1) = AB1$；

（2）$f_{\text{IB}}(r_2) = AB2$；

（3）$f_{\text{IB}}(r_3) = AB3$。

在图 3.5 所示的服务视图中，包含了 2 条完全操作序列：

（1）$PQ_1 = \ <AB1, AB2>$；

（2）$PQ_2 = \ <AB1, AB3>$。

图 3.5 所示的 Web 服务可以表达成如式 3.3 所示的进程 P_{Data}，该进程通过 AB1、AB2 和 AB3 这 3 个通道与外界进行通信，其中通道 AB1 为消息接收通道，AB2 和 AB3 为消息发送通道。

$$P_{\text{Data}} = AB1(Get).(\overline{AB2}(Tic) + \overline{AB3}(NTc)) \tag{3.3}$$

3.3.3　基于 Pi 演算的服务交互行为描述

3.3.3.1　兼容性的相关概念

定义 3.10　给定服务 s_1 和 s_2，以及两个服务对应的服务视图 $SV_1 = (s_1, IV_1, BV_1, f_{\text{IB}})$ 和 $SV_2 = (s_2, IV_2, BV_2, f_{\text{IB}})$，则两个服务之间的一个交互因子可以表示为一个三元组 $\infty = (p_-, p_+, M)$，其中：

（1）$p_- \in \{p \mid p \in IV_1.P \bigcup IV_2.P, type(p) = Notification\}$，属于发送消息操作；

（2）$p_+ \in \{null\} \bigcup \{p \mid p \in IV_1.P \bigcup IV_2.P, type\{p\} = OneWay\}$，属于接收消息操作；

（3）p_- 和 p_+ 要满足 $p \in IV_1.P \bigcap p_+ \in IV_2.P$ 或 $p_- \in IV_2.P \bigcap p_+ \in IV_1.P$；

（4）$M = f_{\text{m}}(p_-)$ 是操作 p_- 发送的消息集合，且满足 $M \subseteq f_{\text{m}}(p_+)$。

从上面的定义可以看出，交互因子中两个类型的操作互为对偶。其中，

p_+ 为 *null* 表示两个服务交互时,一方发出消息后另一方无法接收,交互失败。因此,交互因子不仅可以表示两个服务之间交互成功,也可以表示两个服务之间交互失败。这里,引入 $\vartheta(\infty, s)$ 函数表示服务 s 在交互过程中的操作。

定义 3.11 给定服务 s_1 和 s_2,以及两个服务对应的服务视图 $SV_1 = (s_1, IV_1, BV_1, f_{IB})$ 和 $SV_2 = (s_2, IV_2, BV_2, f_{IB})$,则两个服务之间的一条交互路径为一个交互因子有序队列 $IP = \langle \infty_1, \infty_2, \cdots, \infty_n \rangle$,且满足:

(1) $\infty_i . p_+ \neq null$ $(1 \leqslant i \leqslant n-1)$;

(2) $PQ_{s_1} = \langle \vartheta(\infty_1, s_1), \vartheta(\infty_2, s_1), \cdots, \vartheta(\infty_n, s_1) \rangle$ 为 SV_1 的操作序列;

(3) $PQ_{s_2} = \langle \vartheta(\infty_1, s_2), \vartheta(\infty_2, s_2), \cdots, \vartheta(\infty_n, s_2) \rangle$ 为 SV_2 的操作序列;

(4) 服务 s_1 和 s_2 按照有序队列 IP 交互后均结束或无法继续交互。

上面的定义给出的条件保证了两个服务都是从起始状态开始进行交互,直至交互结束或交互无法再继续下去。

定义 3.12 服务 s_1 和 s_2 的一条交互路径 $IP = \langle \infty_1, \infty_2, \cdots, \infty_n \rangle$ 上的消息序列 $IS = \langle \infty_1 M, \infty_2 M, \cdots, \infty_n M \rangle$ 是交互路径 IP 产生的交互消息链。

定义 3.13 服务 s_1 和 s_2 的一条交互路径 $IP = \langle \infty_1, \infty_2, \cdots, \infty_n \rangle$ 为有效交互路径需同时满足以下两个条件:

(1) 服务 s_1 参与的交互路径 IP 的操作组成的操作序列 $PQ_{s_1} = \langle \vartheta(\infty_1, s_1), \vartheta(\infty_2, s_1), \cdots, \vartheta(\infty_n, s_1) \rangle$ 为 SV_1 的完全操作序列;

(2) 服务 s_2 参与的交互路径 IP 的操作组成的操作序列 $PQ_{s_2} = \langle \vartheta(\infty_1, s_2), \vartheta(\infty_2, s_2), \cdots, \vartheta(\infty_n, s_2) \rangle$ 为 SV_2 的完全操作序列。

以上两个条件保证了两个服务根据交互路径进行交互之后,两个服务均能到达结束状态。

定义 3.14 如果服务 s_1 和 s_2 之间的所有交互路径均为有效交互路径,则服务 s_1 和 s_2 是完全兼容的。

定义 3.15 如果服务 s_1 和 s_2 之间存在一条有效交互路径,则服务 s_1 和 s_2 是局部兼容的。

从完全兼容和局部兼容这两个定义可以看出,如果两个服务是完全兼容的,则这两个服务一定是局部兼容的;反之,如果两个服务是局部兼容的,则这两个服务不一定是完全兼容的。

定义 3.16　如果服务 s_1 和 s_2 是完全兼容或者局部兼容的,则称这两个服务是可兼容的。

定义 3.17　如果服务 s_1 和 s_2 之间存在 n 条交互路径,且有效交互路径的数量为 m,则这两个服务的兼容度为 $\bar{\omega}(s_1,s_2)=m/n(0\leqslant\bar{\omega}(s_1,s_2)\leqslant1)$。

$\bar{\omega}(s_1,s_2)=1$ 表示两个服务是完全兼容的; $\bar{\omega}(s_1,s_2)=0$ 表示两个服务在任何情况下均无法完成正常的交互; $0<\bar{\omega}(s_1,s_2)<1$ 表示两个服务在某些情况下是可以正常交互的,兼容度越大则说明两个服务在交互过程中成功的可能性也越大。

3.3.3.2　交互行为描述

订票服务、客户代理和机票数据服务间的交互如图 3.6 所示。

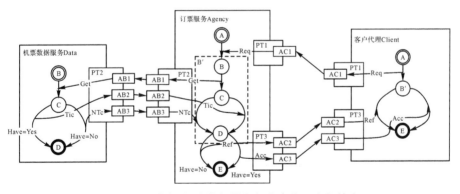

图 3.6　订票服务、机票数据服务与客户代理之间的交互

首先,将 3 个服务拆分成每两个服务之间的交互。从图 3.6 可以看出,机票数据服务和客户代理都只和订票服务交互,而订票服务在从状态 B 到状态 D 之间只和机票数据服务交互。那么就可以将订票服务中状态 B 到状态 D 设定为订票服务的一个子服务 Agency-B'。下面先描述机票数据服务与订票服务子服务 Agency-B' 之间的交互过程,如图 3.7 所示。

机票数据服务 Data 与订票服务子服务 Agency-B' 之间存在两种可能的

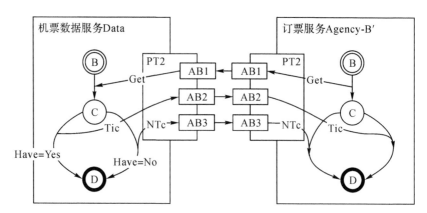

图 3.7　订票子服务与机票数据服务之间的交互

交互过程,如图 3.7 所示。

(1)Agency-B′在初始状态 B 通过操作 AB1 向 Data 发送消息 Get 之后进入状态 C;Data 在初始状态 B 从 AB1 接收到消息 Get 之后进入状态 C。检查机票数据信息之后,如果存在客户请求的机票信息,则 Data 在状态 C 通过 AB2 向 Agency-B′发送消息 Tic 进入结束状态 D。至此,两个服务之间的交互结束。

(2)Agency-B′在初始状态 B 通过操作 AB1 向 Data 发送消息 Get 之后进入状态 C;Data 在初始状态 B 从 AB1 接收到消息 Get 之后进入状态 C。检查机票数据信息之后,如果不存在客户请求的机票信息,则 Data 在状态 C 通过 AB3 向 Agency-B′发送消息 NTc 进入结束状态 D。至此,两个服务之间的交互结束。

通过上述描述的交互过程,可知如下结果(这里用 A 代表 Agency-B′,B 代表 Data):

(1)上述交互过程(1)中的交互因子为 $\infty_1 = (A.\,AB1, B.\,AB1, \{Get\})$ 和 $\infty_2 = (B.\,AB2, A.\,AB2, \{Tic\})$,且 $\vartheta(\infty_1, A) = AB1, \vartheta(\infty_1, B) = AB1$, $\vartheta(\infty_2, A) = AB2, \vartheta(\infty_2, B) = AB2$;

(2)交互过程(2)中的交互因子为 $\infty_1 = (A.\,AB1, B.\,AB1, \{Get\})$ 和 $\infty_2 = (B.\,AB3, A.\,AB3, \{NTc\})$,且 $\vartheta(\infty_1, A) = AB1, \vartheta(\infty_1, B) = AB1$, $\vartheta(\infty_2, A) = AB3, \vartheta(\infty_2, B) = AB3$;

(3) $IP_1 = < \infty_1 = (A.AB1, B.AB1, \{Get\}), \infty_2 = (B.AB2, A.AB2,$ $\{Tic\}) >$ 为过程(1)的交互路径, $IP_2 = < \infty_1 = (A.AB1, B.AB1, \{Get\}),$ $\infty_2 = (B.AB3, A.AB3, \{NTc\}) >$ 为过程(2)的交互路径;

(4)因为在过程(1)中 $PQ_A = < A.AB1, A.AB2 >$ 是 SV_A 的完全操作序列,且 $PQ_B = < B.AB1, B.AB2 >$ 是 SV_B 的完全操作序列,所以 IP_1 是有效交互路径;

(5)因为在过程(2)中 $PQ_A = < A.AB1, A.AB3 >$ 是 SV_A 的完全操作序列,且 $PQ_B = < B.AB1, B.AB3 >$ 是 SV_B 的完全操作序列,所以 IP_2 是有效交互路径;

(6)因为服务 A 和 B 之间的所有交互路径均为有效交互路径,所以服务 A 和 B 是完全兼容的,兼容度 $\bar{\omega}(A,B) = 1$。

至此,可以将服务 A 和 B 都表达成相应的进程 P_A 和 P_B。

$$P_A = \overline{AB1}(Get).(AB2(Tic) + AB3(NTc)) \tag{3.4}$$

$$P_B = AB1(Get).(\overline{AB2}(Tic) + \overline{AB3}(NTc)) \tag{3.5}$$

两个服务之间的交互可以表达成如式 3.6 所示的组合进程 $P_{(A,B)}$。

$$\begin{aligned} P_{(A,B)} \\ = P_A | P_B \\ = \overline{AB1}(Get).(AB2(Tic) + AB3(NTc)) | AB1(Get).(\overline{AB2}(Tic) + \overline{AB3}(NTc)) \end{aligned} \tag{3.6}$$

接下来描述订票服务 Agency 和客户代理 Client 之间的交互过程。先将订票子服务看成一个状态 B′ 来讨论,如图 3.8 所示。

订票服务 Agency 与客户代理 Client 之间存在两种可能的交互过程:

(1)Client 在初始状态 A 通过操作 AC1 向 Agency 发送消息 Req 之后进入状态 B′;Agency 在初始状态 A 从 AC1 接收到消息 Req 之后进入状态 B′。检查机票数据信息之后,如果存在客户请求的机票信息,则 Agency 在状态 B′ 通过 AC3 向 Client 发送消息 Acc 进入结束状态 E。至此,两个服务之间的交互结束。

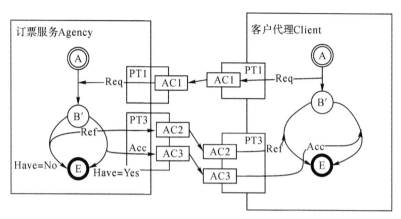

图 3.8　订票服务与客户代理之间的交互

（2）Client 在初始状态 A 通过操作 AC1 向 Agency 发送消息 Req 之后进入状态 B′；Agency 在初始状态 A 从 AC1 接收到消息 Req 之后进入状态 B′。检查机票数据信息之后，如果不存在客户请求的机票信息，则 Agency 在状态 B′通过 AC2 向 Client 发送消息 Ref 进入结束状态 E。至此，两个服务之间的交互结束。

由于 B′本身是完全兼容的，始终可以到达结束状态，所以 Agency 与 Client 也是完全兼容的。

至此，可以将服务 Ag 和 C 都表达成相应的进程 P_{Ag} 和 P_C（这里用 Ag 代表 Agency，C 代表 Client）。

$$P_{Ag} = AC1(Req).(\overline{AC2(Ref)} + \overline{AC3(Acc)}) \tag{3.7}$$

$$P_C = \overline{AC1(Req)}.(AC2(Ref) + AC3(Acc)) \tag{3.8}$$

两个服务之间的交互可以表达成如式 3.9 所示的组合进程 $P_{(Ag,C)}$。

$$P_{(Ag,C)}$$

$$= P_{Ag} \mid P_C$$

$$= AC1(Req).(\overline{AC2(Ref)} + \overline{AC3(Acc)}) \mid \overline{AC1(Req)}.(AC2(Ref) + AC3(Acc))$$

$$\tag{3.9}$$

考虑如图 3.9 所示的 3 个服务交互的情况。同样，将 3 个服务拆分成每两个服务之间的交互，分别如图 3.10、图 3.11 所示。

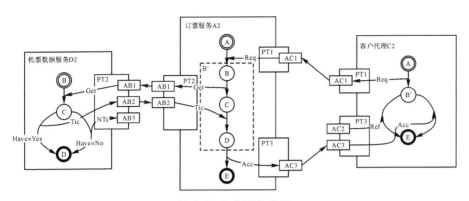

图 3.9　3 个服务交互

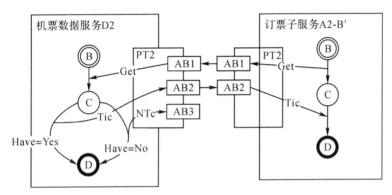

图 3.10　D2 和 A2-B′交互

根据交互路径的定义,图 3.10 所示的两个服务之间存在如下两条交互路径(这里用 A 代表 A2-B′,B 代表 D2)。

(1)$IP_1 = \langle \infty_1 = (A.\,AB1, B.\,AB1, \{Get\}), \infty_2 = (B.\,AB2, A.\,AB2, \{Tic\}) \rangle$;

(2)$IP_2 = \langle \infty_1 = (A.\,AB1, B.\,AB1, \{Get\}), \infty_2 = (B.\,AB3, null, \{NTc\}) \rangle$。

根据有效交互路径的定义,IP_1 为有效交互路径,而 IP_2 为非有效交互路径,因此这两个服务是局部兼容的。事实上,交互路径 IP_2 表示了这样一种交互的过程:A2-B′在初始状态 B 通过操作 AB1 向 D2 发送消息 Get 之后进入状态 C;D2 在初始状态 B 从 AB1 接收到消息 Get 之后进入状态 C。检查机票数据信息之后,如果不存在客户请求的机票信息,则 D2 在状态 C 通过 AB3 向 A2-B′发送消息 NTc,然后 A2-B′无法接收该消息,因此导致两个服务交互失败。

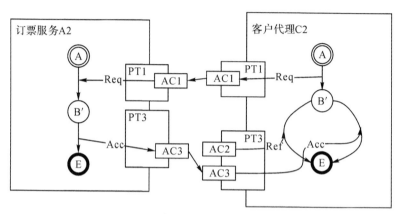

图 3.11　A2 和 C2 交互

根据交互路径的定义,图 3.11 所示的两个服务之间存在如下两条交互路径(Ag 代表 A2,C 代表 C2)。

$(1) IP_1 = <\infty_1 = (C.AC1, Ag.AC1, \{Req\}), \infty_2 = (null, C.AC2, \{Ref\})>$;

$(2) IP_2 = <\infty_1 = (C.AC1, Ag.AC1, \{Req\}), \infty_2 = (Ag.AC3, C.AC3, \{Acc\})>$。

根据有效交互路径的定义,IP_2 为有效交互路径,而 IP_1 为非有效交互路径,因此这两个服务是局部兼容的。事实上,交互路径 IP_1 表示了这样一种交互的过程:C2 在初始状态 A 通过操作 AC1 向 Agency 发送消息 Req 之后进入状态 B′;A2 在初始状态 A 从 AC1 接收到消息 Req 之后进入状态 B′。检查机票数据信息之后,如果不存在客户请求的机票信息,则 A2 无法向 C2 发送消息 Ref,C2 无法接收该消息,因此导致两个服务交互失败。

3.3.4　基于 Pi 演算的行为兼容性验证

在将服务表达成 Pi 演算进程且将服务之间的交互表达成并行组合进程表达式之后,服务之间兼容性的验证就可以转化为对进程表达式的推演。

邓水光[2]给出了在 Pi 演算中两个服务是否兼容的判定定理,并给出了如下证明过程。

判定定理　给定两个服务 s_1 和 s_2 以及两个服务对应的进程表达式 P 和 Q,若这两个服务是可兼容的,则这两个服务的进程必定满足条件:$P|Q \Rightarrow 0$。

证明:①根据服务可兼容的定义可知,若服务 s_1 和 s_2 是可兼容的,则两个服务在交互的过程中,至少存在一条交互路径,使得两个服务均能从服务的起始状态演变成结束状态。此时,进程 P 和 Q 可按照该交互路径产生的交互消息链进行内部通信,最终使得 $P|Q$ 演变成空进程,即条件 $P|Q \Rightarrow 0$ 满足。②若条件 $P|Q \Rightarrow 0$ 满足,则说明进程表达式 $P|Q$ 可通过内部同步操作(即进程 P 和 Q 之间进行同步通信)演变成空进程,而在演变过程中,P 和 Q 之间形成了一条消息序列 s。此时,服务 s_1 和 s_2 根据该消息序列也能使得两个服务均从起始状态到达结束状态,因此服务 s_1 和 s_2 是可兼容的,证毕。

根据上面的判定定理,下面来验证服务间的兼容性。

对式 3.6 所示的并行进程推演得到如下结果:

$$P_{(A,B)}$$
$$= P_A | P_B$$
$$= \overline{AB1}(Get).(AB2(Tic)+AB3(NTc)) | AB1(Get).(\overline{AB2}(Tic)+\overline{AB3}(NTc))$$
$$\xrightarrow{Get} (AB2(Tic)+AB3(NTc)) | (\overline{AB2}(Tic)+\overline{AB3}(NTc))$$
$$\xrightarrow{Tic} 0 \tag{3.10}$$

$$P_{(A,B)}$$
$$= P_A | P_B$$
$$= \overline{AB1}(Get).(AB2(Tic)+AB3(NTc)) | AB1(Get).(\overline{AB2}(Tic)+\overline{AB3}(NTc))$$
$$\xrightarrow{Get} (AB2(Tic)+AB3(NTc)) | (\overline{AB2}(Tic)+\overline{AB3}(NTc))$$
$$\xrightarrow{NTc} 0 \tag{3.11}$$

以上两个推演过程分别代表了服务 A 与 B 之间存在的两种交互方式,

即两条交互路径。而推演的结果表明,两个服务在任何一次交互中,其组合进程表达式最后均变成空进程,即两个服务进程在通过内部一系列同步通信之后均演变成空进程。这也印证了这两个推演过程所对应的两条交互路径全部为有效交互路径,因而也说明了这两个服务是完全兼容的。

对式 3.9 所示的并行进程推演得到如下结果:

$$P_{(Ag,C)}$$
$$=P_{Ag}\mid P_C$$
$$=AC1(Req).(\overline{AC2(Ref)}+\overline{AC3(Acc)})\mid\overline{AC1(Req)}.(AC2(Ref)+AC3(Acc))$$
$$\xrightarrow{Req}(\overline{AC2(Ref)}+\overline{AC3(Acc)})\mid(AC2(Ref)+AC3(Acc))$$
$$\xrightarrow{Ref}0 \tag{3.12}$$

$$P_{(Ag,C)}$$
$$=P_{Ag}\mid P_C$$
$$=AC1(Req).(\overline{AC2(Ref)}+\overline{AC3(Acc)})\mid\overline{AC1(Req)}.(AC2(Ref)+AC3(Acc))$$
$$\xrightarrow{Req}(\overline{AC2(Ref)}+\overline{AC3(Acc)})\mid(AC2(Ref)+AC3(Acc))$$
$$\xrightarrow{Acc}0 \tag{3.13}$$

以上两个推演过程同样分别代表了服务 Ag 与 C 之间存在的两种交互方式,即两条交互路径。而推演的结果表明,两个服务在任何一次交互中,其组合进程表达式最后均变成空进程,即两个服务进程在通过内部一系列同步通信之后均演变成空进程。这也印证了这两个推演过程所对应的两条交互路径全部为有效交互路径,因而也说明了这两个服务是完全兼容的。

这里我们还需要进一步说明,在服务 Ag 中还包含了服务 A 和服务 B。因此,服务 Ag 和服务 C 的兼容性是与服务 A 和服务 B 紧密相关的。下面,我们将服务 Ag 和服务 C 的交互过程展开,以此来验证 3 个服务之间的兼容性。

$$(vP_A)(vP_B)P_{(Ag,C)}$$

$$=(vP_A)P_{Ag} \mid (vP_B)P_C$$

$$=AC1(Req).\overline{AB1}(Get).(AB2(Tic)+AB3(NTc)).(\overline{AC2}(Ref)+\overline{AC3}(Acc))$$

$$\mid \overline{AC1}(Req).AB1(Get).(\overline{AB2}(Tic)+\overline{AB3}(NTc)).(AC2(Ref)+AC3(Acc))$$

$$\xrightarrow{Req}\overline{AB1}(Get).(AB2(Tic)+AB3(NTc)).(\overline{AC2}(Ref)+\overline{AC3}(Acc))$$

$$\mid AB1(Get).(\overline{AB2}(Tic)+\overline{AB3}(NTc)).(AC2(Ref)+AC3(Acc))$$

$$\xrightarrow{Get}(AB2(Tic)+AB3(NTc)).(\overline{AC2}(Ref)+\overline{AC3}(Acc))$$

$$\mid (\overline{AB2}(Tic)+\overline{AB3}(NTc)).(AC2(Ref)+AC3(Acc))$$

$$\xrightarrow{Tic}(\overline{AC2}(Ref)+\overline{AC3}(Acc)) \mid (AC2(Ref)+AC3(Acc))$$

$$\xrightarrow{Acc}0 \tag{3.14}$$

$$(vP_A)(vP_B)P_{(Ag,C)}$$

$$=(vP_A)P_{Ag} \mid (vP_B)P_C$$

$$=AC1(Req).\overline{AB1}(Get).(AB2(Tic)+AB3(NTc)).(\overline{AC2}(Ref)+\overline{AC3}(Acc))$$

$$\mid \overline{AC1}(Req).AB1(Get).(\overline{AB2}(Tic)+\overline{AB3}(NTc)).(AC2(Ref)+AC3(Acc))$$

$$\xrightarrow{Req}\overline{AB1}(Get).(AB2(Tic)+AB3(NTc)).(\overline{AC2}(Ref)+\overline{AC3}(Acc))$$

$$\mid AB1(Get).(\overline{AB2}(Tic)+\overline{AB3}(NTc)).(AC2(Ref)+AC3(Acc))$$

$$\xrightarrow{Get}(AB2(Tic)+AB3(NTc)).(\overline{AC2}(Ref)+\overline{AC3}(Acc))$$

$$\mid (\overline{AB2}(Tic)+\overline{AB3}(NTc)).(AC2(Ref)+AC3(Acc))$$

$$\xrightarrow{NTc}(\overline{AC2}(Ref)+\overline{AC3}(Acc)) \mid (AC2(Ref)+AC3(Acc))$$

$$\xrightarrow{Ref}0 \tag{3.15}$$

以上两个推演过程分别代表了服务 Ag 与 C 之间在限定 A 和 B 后存在的两种交互方式,即两条交互路径。而推演的结果表明,3 个服务在任何一次交互中,其组合进程表达式最后均变成空进程,即 3 个服务进程在通过内部一系列同步通信之后均演变成空进程。这也印证了这两个推演过程所对应的两条交互路径全部为有效交互路径,因而也说明了这 3 个服务是完全兼容的。

再考察图 3.10 和图 3.11 所示的交互过程,其中图 3.10 中 A2-B′ 服务对应的进程表达式为式 3.16。

$$P_A = \overline{AB1}(Get).AB2(Tic) \tag{3.16}$$

对式 3.16 所示的并行进程推演得到如下结果:

$$
\begin{aligned}
&P_{(A,B)}\\
&= P_A \mid P_B\\
&= \overline{AB1}(Get).AB2(Tic) \mid AB1(Get).(\overline{AB2}(Tic) + \overline{AB3}(NTc))\\
&\xrightarrow{Get} AB2(Tic) \mid (\overline{AB2}(Tic) + \overline{AB3}(NTc))\\
&\xrightarrow{Tic} 0
\end{aligned}
\tag{3.17}
$$

$$
\begin{aligned}
&P_{(A,B)}\\
&= P_A \mid P_B\\
&= \overline{AB1}(Get).AB2(Tic) \mid AB1(Get).(\overline{AB2}(Tic) + \overline{AB3}(NTc))\\
&\xrightarrow{Get} AB2(Tic) \mid (\overline{AB2}(Tic) + \overline{AB3}(NTc))\\
&\xrightarrow{NTc} 0
\end{aligned}
\tag{3.18}
$$

图 3.11 中 A2 服务对应的进程表达式为式 3.19。

$$P_{Ag} = AC1(Req).\overline{AC3}(Acc) \tag{3.19}$$

对式 3.16 所示的并行进程推演得到如下结果:

$$
\begin{aligned}
&P_{(Ag,C)}\\
&= P_{Ag} \mid P_C\\
&= AC1(Req).\overline{AC3}(Acc) \mid \overline{AC1}(Req).(AC2(Ref) + AC3(Acc))\\
&\xrightarrow{Req} \overline{AC3}(Acc) \mid (AC2(Ref) + AC3(Acc))\\
&\xrightarrow{Ref} 0
\end{aligned}
\tag{3.20}
$$

$$P_{(Ag,C)}$$
$$= P_{Ag} \mid P_C$$
$$= AC1(Req).\overline{AC3(Acc)} \mid \overline{AC1(Req)}.(AC2(Ref) + AC3(Acc))$$
$$\xrightarrow{Req} \overline{AC3(Acc)} \mid (AC2(Ref) + AC3(Acc))$$
$$\xrightarrow{Acc} 0 \tag{3.21}$$

以上 4 个推演过程也分别代表了两个服务之间的一次可能的交互过程，即交互路径；式 3.17 和式 3.21 均能使得进程最终演变成空进程，然而式 3.18 在 D2 向 A2-B′发出消息 NTc 之后，由于 A2-B′无法接收该消息，致使组合进程表达式无法再往下迁移，这说明两个服务在这种情况下无法完成正常的交互，即这个推演过程所代表的交互路径为非有效交互路径，因此服务 D2 和 A2-B′是局部兼容的。同理，式 3.20 当 C2 接收消息 Ref 时，由于 A2 无法发送该消息，致使组合进程表达式无法再往下迁移，这说明两个服务在这种情况下无法完成正常的交互，即这个推演过程所代表的交互路径为非有效交互路径，因此服务 C2 和 A2 是局部兼容的。推演的结果表明，3 个服务是局部兼容的。

至此，我们通过手动推演完成了订票服务、客户代理以及机票预订服务这 3 个服务之间兼容性的验证过程，即进程表达式的推演过程。但在实际应用中，服务间的交互过程要更加复杂，很难手动完成，因此需要借助辅助工具来完成。

本章采用基于 New Jersey SML 语言编译器的 MWB(Mobility Workbench) 工具。MWB 工具是用于操作和分析移动并发系统的自动化 Pi 演算工具，它使用函数式编程语言 SML 构建，具体使用的是朗讯贝尔实验室实现的 SML/NJ110 版。验证时的软件实验环境为 Windows XP、SML/NJ110.0.7 版、MWB′99 版。

使用 MWB 工具对代数表达式进行语法分析可以发现进程定义的一些基本错误，如类型错误、缺少同步、不完整的行为等，并可以利用工具的推理功能排除一些最常见的错误。使用 deadlocks 命令可以检查进程是否存在死锁的情况,而使用 step 命令可以查看进程行为,即进行系统行为的跟踪推演。

图 3.12 至图 3.15 就是使用 step 命令查看订票服务、客户代理和机票数据服务 3 个服务间的交互行为是否可从起始状态到达结束状态,如果可以到达结束状态则说明 3 个服务是兼容的。

图 3.12 是式 3.10 在 MWB 中的推演过程,图中 $'get$ 表示输出名字 get,命令 $agent\ P(get, tic, ntc) = 'get.(tic.0 + ntc.0)$ 表示定义进程 P,进程 P 中包含名字 get、tic 和 ntc,命令 $step\ R(get, tic)$ 表示对进程 R 先后发送或接收消息 get 和 tic 的行为跟踪推演。执行完该命令后,输入 0 表示选取上面 3 种状态中的第一种状态接着执行,最后执行完,状态达到 0,说明两服务兼容。

图 3.13 是式 3.11 在 MWB 中的推演过程,命令 $step\ R(get, ntc)$ 表示对进程 R 先后发送或接收消息 get 和 ntc 的行为跟踪推演。执行完该命令后,输入 0 表示选取上面 3 种状态中的第一种状态接着执行,最后执行完,状态达到 0,说明两服务兼容。

图 3.14 是式 3.12 在 MWB 中的推演过程,命令 $step\ R(req, ref)$ 表示对进程 R 先后发送或接收消息 req 和 ref 的行为跟踪推演。执行完该命令后,输入 0 表示选取上面 3 种状态中的第一种状态接着执行,最后执行完,状态达到 0,说明两服务兼容。

图 3.15 是式 3.13 在 MWB 中的推演过程,命令 $step\ R(req, acc)$ 表示对进程 R 先后发送或接收消息 req 和 acc 的行为跟踪推演。执行完该命令后,输入 0 表示选取上面 3 种状态中的第一种状态接着执行,最后执行完,状态达到 0,说明两服务兼容。

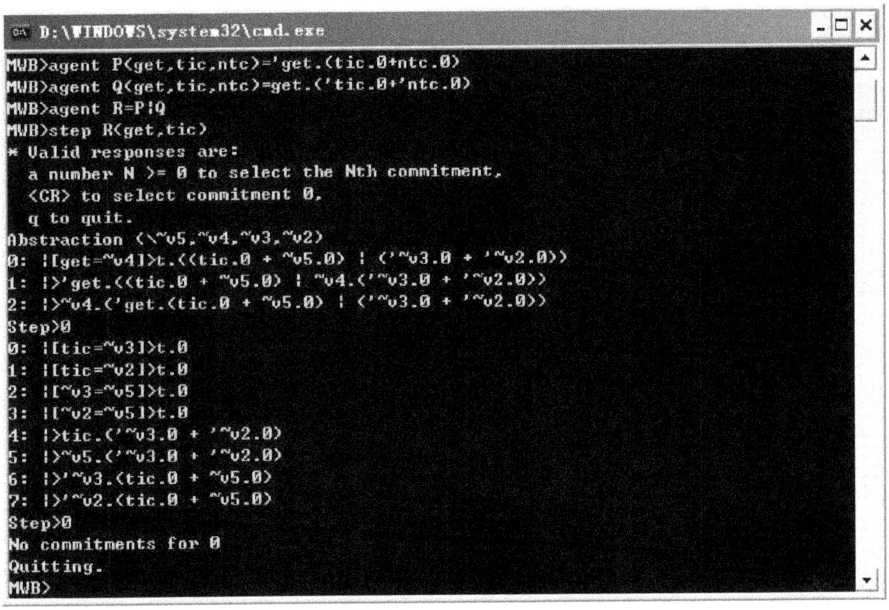

```
D:\WINDOWS\system32\cmd.exe
MWB>agent P(get,tic,ntc)='get.(tic.0+ntc.0)
MWB>agent Q(get,tic,ntc)=get.('tic.0+'ntc.0)
MWB>agent R=P|Q
MWB>step R(get,tic)
* Valid responses are:
  a number N >= 0 to select the Nth commitment,
  <CR> to select commitment 0.
  q to quit.
Abstraction (\~v5.~v4.~v3.~v2)
0: |[get=~v4]t.<<tic.0 + ~v5.0) | ('~v3.0 + '~v2.0))
1: |>'get.<<tic.0 + ~v5.0) | ~v4.('~v3.0 + '~v2.0))
2: |>~v4.('get.<tic.0 + ~v5.0) | ('~v3.0 + '~v2.0))
Step>0
0: |[tic=~v3]>t.0
1: |[tic=~v2]>t.0
2: |[~v3=~v5]>t.0
3: |[~v2=~v5]>t.0
4: |>tic.('~v3.0 + '~v2.0)
5: |>~v5.('~v3.0 + '~v2.0)
6: |>'~v3.(tic.0 + ~v5.0)
7: |>'~v2.(tic.0 + ~v5.0)
Step>0
No commitments for 0
Quitting.
MWB>
```

图 3.12　step 命令 1

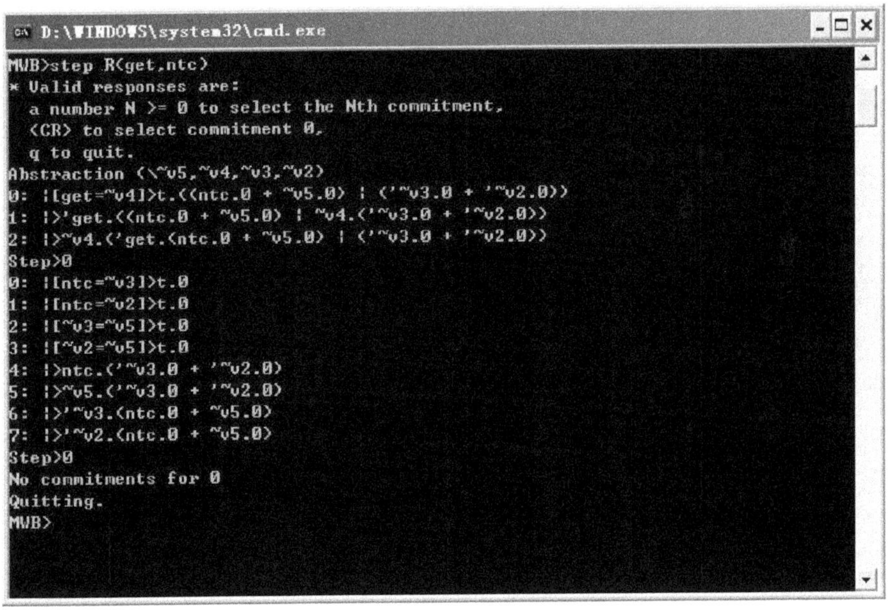

```
D:\WINDOWS\system32\cmd.exe
MWB>step R(get,ntc)
* Valid responses are:
  a number N >= 0 to select the Nth commitment,
  <CR> to select commitment 0.
  q to quit.
Abstraction (\~v5.~v4.~v3.~v2)
0: |[get=~v4]t.<<ntc.0 + ~v5.0) | ('~v3.0 + '~v2.0))
1: |>'get.<<ntc.0 + ~v5.0) | ~v4.('~v3.0 + '~v2.0))
2: |>~v4.('get.<ntc.0 + ~v5.0) | ('~v3.0 + '~v2.0))
Step>0
0: |[ntc=~v3]>t.0
1: |[ntc=~v2]>t.0
2: |[~v3=~v5]>t.0
3: |[~v2=~v5]>t.0
4: |>ntc.('~v3.0 + '~v2.0)
5: |>~v5.('~v3.0 + '~v2.0)
6: |>'~v3.(ntc.0 + ~v5.0)
7: |>'~v2.(ntc.0 + ~v5.0)
Step>0
No commitments for 0
Quitting.
MWB>
```

图 3.13　step 命令 2

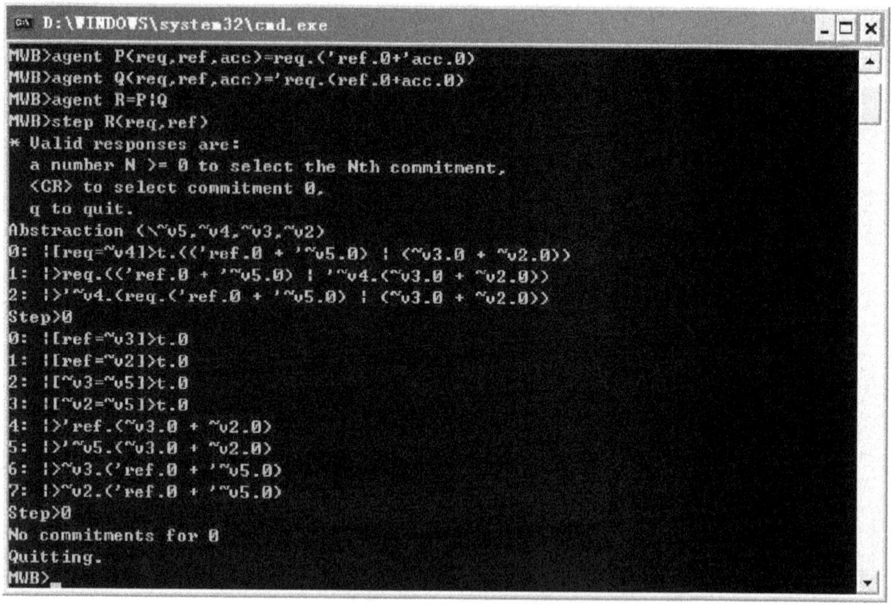

图 3.14　step 命令 3

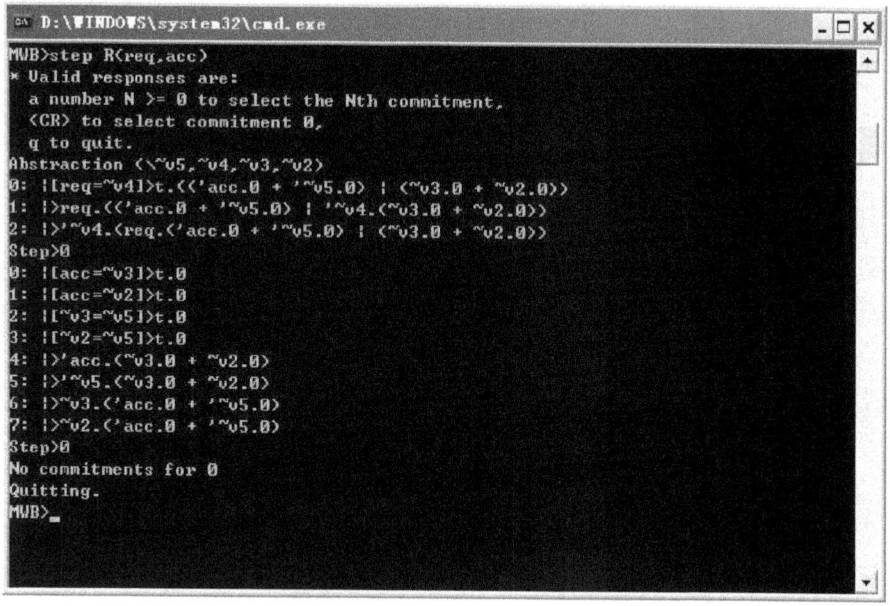

图 3.15　step 命令 4

3.4　多服务同步交互行为的兼容性验证

3.4.1　多服务同步交互行为

首先以图 3.16 为例对 Web 服务的交互行为进行说明。从图 3.16 中可以看出,一个 Web 服务包含状态、消息和通道。首先服务 Service2 通过发送通道 G1 给服务 Service1 和 Service3 发送消息 mes1,服务 Service1 和 Service3 通过各自的接收通道 G1 接收消息 mes1,且 3 个服务均从起始状态 A 迁移到状态 B;到达状态 B 后,服务 Service1 通过消息发送通道 G2 向 Service2 发送消息 mes2 并从状态 B 迁移到结束状态 C,Service3 在到达状态 B 后通过消息发送通道 G3 向 Service2 发送消息 mes3 并从状态 B 迁移到状态 C,服务 Service2 在到达状态 B 后通过消息接收通道 G2 和 G3 同时接收消息 mes2 和 mes3 并从状态 B 迁移到状态 C;到达状态 C 后,服务 Service2 根据不同的条件选择不同的消息发送,当 Con＝Yes 时服务 Service2 选择通道 G5 发送消息 mes5 并从状态 C 迁移到结束状态 D,当 Con ＝No 时服务 Service2 选择通道 G4 发送消息 mes4 并从状态 C 迁移到结束状态 D,服务 Service3 在到达状态 C 后通过消息接收通道 G4 接收消息 mes4 或通过消息接收通道 G5 接收消息 mes5,并从状态 C 迁移到结束状态 D。至此,组合服务中的 3 个服务均从起始状态到达了结束状态,交互结束。

从图 3.16 所示的 Web 服务行为可以看出,与其他服务相交互的服务主要包括状态、消息和通道。通过状态可以表示服务内部在交互过程中的变化过程;而通过通道的不同类型,即接收通道和发送通道可以表示服务如何与其他服务交互;而与通道相对应的消息则可以表示服务交互的具体信息。因此,下面给出 Web 服务的相关定义。

定义 3.18　给定一个交互服务集合 S_n 及 S_n 中的一个服务 s_i,那么消息体可以形式化地定义为一个四元组 $mb = (gate, type, mes, num)$,其中:

(1)$gate$ 表示服务 s_i 中的一个通道;

93

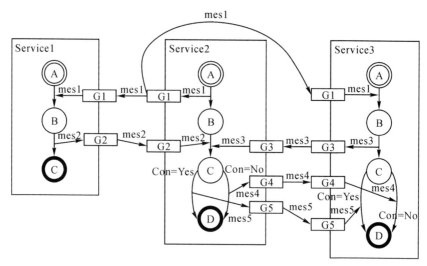

图 3.16　Web 服务交互行为

(2)$type$ 表示通道 $gate$ 的类型,$type$ 可以是接收通道(记作 $accept$)或发送通道(记作 $send$),即 $type \in \{accept, send\}$;

(3)mes 表示通道 $gate$ 所发送的消息;

(4)num 表示通道 $gate$ 发送消息 mes 的个数。

定义 3.19　给定一个交互服务集合 S_n 及 S_n 中的一个服务 s_i,那么状态迁移元可以形式化地定义为一个四元组 $st = (t_f, t_a, C, MB)$,其中:

(1)t_f 表示此次迁移前服务 s_i 的状态;

(2)t_a 表示此次迁移后服务 s_i 的状态;

(3)C 表示此次迁移发生的条件集,若无条件迁移时 $C = \varnothing$;

(4)MB 表示此次迁移中服务 s_i 发送或接收消息的消息体集。

定义 3.20　给定一个交互服务集合 S_n 及 S_n 中的一个服务 s_i,那么服务 s_i 的服务行为体可以形式化的定义为一个三元组 $sb = (t_b, t_e, ST)$,其中:

(1)t_b 表示服务 s_i 的起始状态;

(2)t_e 表示服务 s_i 的结束状态;

(3)ST 表示服务 s_i 的所有状态迁移元的集合。

定义 3.21　给定一个交互服务集合 S_n 及 S_n 中的一个服务 s_i 的服务行

为体 $sb_i = (t_{bi}, t_{ei}, ST_i)$，那么服务 s_i 的一个迁移序列 $TS_i = <st_1, st_2, \cdots, st_k>$ 满足如下条件：

(1)对任意 $st_j \in TS_i$，则存在 $1 \leqslant j \leqslant k$ 使得 $st_j \in ST_i$；

(2) $st_1 = (t_{f1}, t_{a1}, C_1, MB_1)$ 且 $t_{f1} = t_{bi}$；

(3)若 $st_j = (t_{fj}, t_{aj}, C_j, MB_j)$ 与 $st_{j+1} = (t_{f(j+1)}, t_{a(j+1)}, C_{j+1}, MB_{j+1})$ 是 TS_i 中的任意两个连续的状态迁移元，且 $1 \leqslant j < k$，则 $t_{aj} = t_{f(j+1)}$。

从定义 3.21 可以看出，一个迁移序列表示的是一个服务从起始状态到任意一个状态的状态转换过程。

定义 3.22　给定一个交互服务集合 S_n 及 S_n 中的一个服务 s_i 的一个迁移序列 $TS_i = <st_1, st_2, \cdots, st_k>$，令 $st_k = (t_{fk}, t_{ak}, C_k, MB_k)$，如果 t_{ak} 是服务 s_i 的结束状态，那么称迁移序列 TS_i 为完全迁移序列。

3.4.2　多服务同步交互行为兼容性定义

Web 服务行为兼容性又称为服务交互协议的正确性，其主要针对 Web 服务交互过程而言。从图 3.16 中的 3 个服务的交互过程可以看出，对于多个服务的交互而言，服务交互行为可以转化为服务内部状态之间的迁移和消息的流转。

定义 3.23　给定一个交互服务集合 S_n 及 S_n 中全部消息体的集合 MB，令消息对 $mp = (MB_s, MB_a)$ 满足如下条件：

(1) $MB_s = \{mb_{s1}, mb_{s2}, \cdots, mb_{sn}\}$，$MB_s \subseteq MB$，且 $MB_s \neq \varnothing$；

(2) $MB_a = \{mb_{a1}, mb_{a2}, \cdots, mb_{am}\}$ 或 $MB_a \neq \varnothing$，$MB_a \subseteq MB$；

(3)若 $mb_{si} \in MB_s$ 且 $mb_{si} = (gate_{si}, type_{si}, mes_{si}, num_{si})$ $(1 \leqslant i \leqslant n)$，则 $type_{si} = send$，即 MB_s 中所有消息体通道类型都为消息发送通道；

(4)若 $mb_{aj} \in MB_a$ 且 $mb_{aj} = (gate_{aj}, type_{aj}, mes_{aj}, num_{aj})$ $(1 \leqslant j \leqslant m)$，则 $type_{aj} = accept$，即 MB_a 中所有消息体通道类型都为消息接收通道；

(5)若 $mb_{aj} \in MB_a$，则必有消息体 $mb_{si} \in MB_s$ 使得 $mes_{aj} = mes_{si}$ 且 $gate_{aj} = gate_{si}$。

从定义 3.23 可以看出,消息对是交互服务在交互过程的一次交互,一些服务发送消息,而另一些服务接收发送消息的服务所发送的消息。其中当 $MB_a = \varnothing$ 或 MB_s 中与 MB_a 相同消息的个数大于 MB_a 中相同消息的个数时,表示没有服务接收所发送的这些消息或一些发送的消息没有被接收,即交互没有成功。因此,消息对既可以表示一次成功的交互,也可以表示一次失败的交互。

定义 3.24 给定一个交互服务集合 S_n 及 S_n 中的一个消息对 $mp = (MB_s, MB_a)$,如果 MB_s 与 MB_a 相同消息的个数相等,那么称消息对 mp 为有效消息对。

从定义 3.24 可以看出,有效消息对表示交互服务在交互过程中一次成功的交互,一些服务发送消息,另一些服务接收了发送的所有消息。

定义 3.25 给定一个交互服务集合 S_n 及由 S_n 中所有服务的一个完全迁移序列所组成的完全迁移序列集合 $TSet$,如果 $First$ 是 $TSet$ 中所有完全迁移序列的第一个状态迁移元的集合,从 $First$ 的状态迁移元中找出一组存在有效消息对的状态迁移元,并将这些状态迁移元从 $TSet$ 中除去,将 $First$ 置空,重新将 $TSet$ 中所有完全迁移序列的第一个状态迁移元放入 $First$,依次往复,直到在 $First$ 中无法找到一组存在有效消息对的状态迁移元为止,那么所找出的有效消息对中的消息集所构成的序列 $MS = <Mes_1, Mes_2, \cdots>$ 称为消息序列。

定义 3.26 给定一个交互服务集合 S_n,由 S_n 中所有服务的一个完全迁移序列所组成的完全迁移序列集合 $TSet$ 和 $TSet$ 产生的消息序列 $MS = <Mes_1, Mes_2, \cdots>$,如果产生 MS 后 $TSet = \varnothing$,那么就称 MS 为有效消息序列。

定义 3.27 给定一个交互服务集合 S_n,若 S_n 中存在有效消息序列,那么称组合服务集合 S_n 中的 n 个服务是可兼容的。

从定义 3.26 和定义 3.27 可知,对于服务集合中所有消息,如果既存在该消息的发送通道,也存在该消息的接收通道,且通道类型和消息数量相等,那么说明该服务集合中的服务是兼容的。

3.4.3　多服务同步交互行为描述

给定 Web 服务行为兼容性的相关概念之后,下面采用 Pi 演算来描述 Web 服务,利用 Pi 演算来验证多个 Web 服务是否兼容,并且给出 Pi 演算的 Web 服务森林算法生成进程表达式,提出消息序列生成算法,从而可以利用一些 Pi 演算工具根据得到的消息序列来实现进程的自动推演,最终实现 Web 服务组合兼容性的自动化验证。

以图 3.16 为例,服务 Service1、Service2 和 Service3 可以表达成如下的 3 个进程 P_1、P_2 和 P_3:

$$P_1 = G1(mes1).\overline{G2}(mes2)$$

$$P_2 = !\overline{G1}(mes1).(G2(mes2) \mid G3(mes3)).(\overline{G4}(mes4) + \overline{G5}(mes5))$$

$$P_3 = G1(mes1).G3(mes3).(G4(mes4) + G5(mes5))$$

那么这 3 个服务的组合就可以表达成如下所示的组合进程 P:

$$\begin{aligned}
P &= P_1 \mid P_2 \mid P_3 \\
&= G1(mes1).\overline{G2}(mes2) \mid !\overline{G1}(mes1).(G2(mes2) \mid \\
&\quad G3(mes3)).(\overline{G4}(mes4) + \overline{G5}(mes5)) \mid G1(mes1). \\
&\quad G3(mes3).(G4(mes4) + G5(mes5))
\end{aligned}$$

3.4.4　多服务同步交互行为兼容性验证

在第 3.3.4 节中我们已经给出组合服务是否可兼容的判定定理。根据兼容性判定定理,组合进程 P 可按照消息序列 $M_1 = <\{mes1\},\{mes2, mes3\},\{mes4\}>$进行推演,推演过程如下:

$$\begin{aligned}
P &= P_1 \mid P_2 \mid P_3 \\
&= G1(mes1).\overline{G2}(mes2) \mid !\overline{G1}(mes1).(G2(mes2) \mid \\
&\quad G3(mes3)).(\overline{G4}(mes4) + \overline{G5}(mes5)) \mid \\
&\quad G1(mes1).\overline{G3}(mes3).(G4(mes4) + G5(mes5))
\end{aligned}$$

$$\xrightarrow{\{mes1\}} \overline{G2}(mes2) \mid (G2(mes2) \mid$$

$$G3(mes3)).(\overline{G4}(mes4) + \overline{G5}(mes5)) \mid \overline{G3}(mes3).$$

$$(G4(mes4) + G5(mes5)) \xrightarrow{\{mes2,mes3\}} 0 \mid$$

$$(\overline{G4}(mes4) + \overline{G5}(mes5)) \mid (G4(mes4) + G5(mes5))$$

$$\xrightarrow{\{mes4\}} 0 \mid 0 \mid 0$$

根据兼容性判定定理,组合进程 P 还可按照消息序列 $M_2 = <\{mes1\}$,$\{mes2,mes3\}$,$\{mes5\}>$进行推演,推演过程如下:

$$P = P_1 \mid P_2 \mid P_3$$

$$= G1(mes1).\overline{G2}(mes2) \mid !\overline{G1}(mes1).(G2(mes2) \mid$$

$$G3(mes3)).(\overline{G4}(mes4) + \overline{G5}(mes5)) \mid$$

$$G1(mes1).\overline{G3}(mes3).(G4(mes4) + G5(mes5))$$

$$\xrightarrow{\{mes1\}} \overline{G2}(mes2) \mid (G2(mes2) \mid$$

$$G3(mes3)).(\overline{G4}(mes4) + \overline{G5}(mes5)) \mid$$

$$\overline{G3}(mes3).(G4(mes4) + G5(mes5)) \xrightarrow{\{mes2,mes3\}} 0 \mid$$

$$(\overline{G4}(mes4) + \overline{G5}(mes5)) \mid (G4(mes4) + G5(mes5))$$

$$\xrightarrow{\{mes5\}} 0 \mid 0 \mid 0$$

以上两个推演过程均使组合进程 P 演变成空进程,说明服务 Service1、Service2 和 Service3 是兼容的。

3.4.5 多服务同步交互案例研究

图 3.17 所示的是一个航空订票服务、银行服务与客户代理的交互,主要流程如下:首先客户通过客户代理向订票服务请求订票,订票服务收到订票请求后同时向客户代理和银行服务发送付款请求;银行服务收到付款请求信息同时向订票服务和客户代理发送获取机票和客户信息请求;银行服务

收到机票和客户信息后,进行转账;如果转账成功,那么银行服务会返回给订票服务付款成功的确认信息,否则银行服务会返回给订票服务付款失败的信息;订票服务收到付款确认信息后,返回给客户代理订票成功的信息,若订票服务收到付款失败的信息,那么就会返回给客户代理订票失败的信息;整个交互过程结束。其中,Req 表示请求订票,ReP 表示要求付款信息,GTc 表示请求机票信息,GCt 表示请求客户信息,Tic 表示机票信息,Clt 表示客户信息,Pay 表示付款成功,NoP 表示付款失败,Acc 表示订票成功,Fai 表示订票失败。

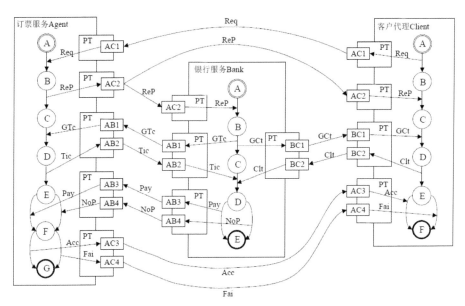

图 3.17　订票服务、银行服务与客户代理之间的交互

从图 3.17 可以看出,订票服务中的通道 AC2 要同时向其他两个服务发送消息 ReP,这时可以考虑将订票服务的状态 B 扩展为下面图 3.18 中有序的两个状态 B 和 B′,依次发送消息 ReP。银行服务中的状态 B 和状态 C 与订票服务中的状态 B 相同,也是同时向多个服务发送或接收多个服务发送的消息,在图 3.18 中也将这两个状态进行扩展。在扩展之后,整个服务交互过程就变成了一个完全有序的交互过程,这样就可以用一元 Pi 演算来描述 3 个服务及其之间的交互。

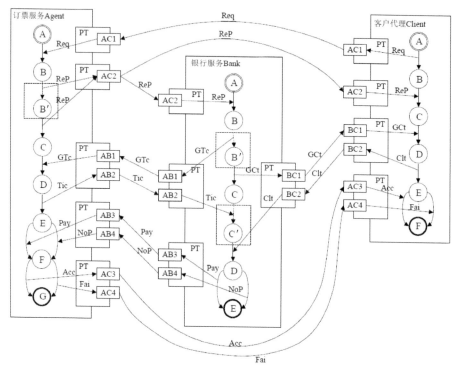

图 3.18　订票服务、银行服务中的状态扩展

这里,给出状态扩展算法用于将同步发送或接收消息的状态转化为多个有序状态。算法 3.1 的基本思想是:判断服务中每一个状态下接收或发送的消息数,如果消息数大于 1,则根据消息个数增加状态,并给每个扩展状态分配一个消息。

算法 3.1　状态扩展算法

输入:初始状态有序消息集 InitStateInfo[ ][ ],初始的状态个数 StateNum。

输出:最终状态有序消息集 FinalStateInfo[ ]。

```
Begin
01   // 最终状态有序消息集中状态个数,初始为 1
02   FinalNum = 1;
03   for i = 1 to StateNum
```

```
04      // 初始状态有序消息集中第 i 个状态的消息数

05      InforNum = InitStateInfo[i].length;

06      if InforNum > 1 then

07        for j = 1 to InforNum

08          // 扩展的第 FinalNum 个状态消息等于初始状态有序
                消息集中

09          // 第 i 个状态的第 j 个消息

10          FinalStateInfo[FinalNum] = InitStateInfo[i][j];

11          FinalNum + + ;

12        end for

13      else

14        FinalStateInfo[FinalNum] = InitStateInfo[i][1];

15        FinalNum + + ;

16    end for

End
```

通过算法 3.1 就可以将图 3.17 中的 Web 服务转变成图 3.18 中的 Web 服务。下面根据转化后的交互图就可以手动将 3 个服务描述为 Pi 演算中的进程。

图 3.18 中的订票服务 Agent 可以表达成如下所示的进程 P_{Agent}，该进程通过 AC1—AC4 和 AB1—AB4 这 8 个通道与外界进行通信，其中通道 AC1、AB1、AB3 和 AB4 为消息接收通道，AC2、AC3、AC4 和 AB2 为消息发送通道。

$$P_{Agent} = AC1(Req).\overline{AC2}(ReP).\overline{AC2}(ReP).AB1(GTc).\overline{AB2}(Tic)$$
$$.(AB3(Pay) + AB4(NoP)).(\overline{AC3}(Acc) + \overline{AC4}(Fai))$$

客户代理服务 Client 可以表达成如下所示的进程 P_{Client}，该进程通过 AC1—AC4、BC1 和 BC2 这 6 个通道与外界进行通信，其中通道 AC2、AC3、AC4 和 BC1 为消息接收通道，AC1 和 BC2 为消息发送通道。

$$P_{\text{Client}} = \overline{AC1}(Req). AC2(ReP). BC1(GCt). \overline{BC2}(Clt). (AC3(Acc) +$$
$$AC4(Fai))$$

银行服务 Bank 可以表达成如下所示的进程 P_{Bank},该进程通过 AC2、AB1—AB4、BC1 和 BC2 这 7 个通道与外界进行通信,其中通道 AC2、AB2 和 BC2 为消息接收通道,AB1、AB3、AB4 和 BC1 为消息发送通道。

$$P_{\text{Bank}} = AC2(ReP). \overline{AB1}(GTc). \overline{BC1}(GCt). AB2(Tic). BC2(Clt)$$
$$. (\overline{AB3}(Pay) + \overline{AB4}(NoP))$$

因此,订票服务、银行服务和客户代理之间的交互就可以表达成如下所示的组合进程 P:

$$P = P_{\text{Agent}} \mid P_{\text{Bank}} \mid P_{\text{Client}}$$
$$= AC1(Req). \overline{AC2}(ReP). \overline{AC2}(ReP). AB1(GTc). \overline{AB2}(Tic)$$
$$. (AB3(Pay) + AB4(NoP)). (\overline{AC3}(Acc) + \overline{AC4}(Fai))$$
$$\mid AC2(ReP). \overline{AB1}(GTc). \overline{BC1}(GCt). AB2(Tic). BC2(Clt)$$
$$. (\overline{AB3}(Pay) + \overline{AB4}(NoP))$$
$$\mid \overline{AC1}(Req). AC2(ReP). BC1(GCt). \overline{BC2}(Clt). (AC3(Acc) +$$
$$AC4(Fai))$$

下面,利用这一判定定理来验证上述 3 个服务的兼容性。对图 3.18 所示的组合进程推演得到如下结果:

$$P = P_{\text{Agent}} \mid P_{\text{Blank}} \mid P_{\text{Client}}$$
$$= AC1(Req). \overline{AC2}(ReP). \overline{AC2}(ReP). AB1(GTc). \overline{AB2}(Tic)$$
$$. (AB3(Pay) + AB4(NoP)). (\overline{AC3}(Acc) + \overline{AC4}(Fai))$$
$$\mid AC2(ReP). \overline{AB1}(GTc). \overline{BC1}(GCt). AB2(Tic). BC2(Clt)$$
$$. (\overline{AB3}(Pay) + \overline{AB4}(NoP))$$
$$\mid \overline{AC1}(Req). AC2(ReP). BC1(GCt). \overline{BC2}(Clt). (AC3(Acc) +$$
$$AC4(Fai))$$
$$\xrightarrow{Req} \overline{AC2}(ReP). \overline{AC2}(ReP). AB1(GTc). \overline{AB2}(Tic)$$
$$. (AB3(Pay) + AB4(NoP)). (\overline{AC3}(Acc) + \overline{AC4}(Fai))$$

$| AC2(ReP).\overline{AB1}(GTc).\overline{BC1}(GCt).AB2(Tic).BC2(Clt)$

$.(\overline{AB3}(Pay) + \overline{AB4}(NoP))$

$| AC2(ReP).BC1(GCt).\overline{BC2}(Clt).(AC3(Acc) + AC4(Fai))$

$\xrightarrow{ReP} \overline{AC2}(ReP).AB1(GTc).\overline{AB2}(Tic).(AB3(Pay)+AB4(NoP))$

$.(\overline{AC3}(Acc) + \overline{AC4}(Fai))$

$| \overline{AB1}(GTc).\overline{BC1}(GCt).AB2(Tic).BC2(Clt)$

$.(\overline{AB3}(Pay) + \overline{AB4}(NoP))$

$| AC2(ReP).BC1(GCt).\overline{BC2}(Clt).(AC3(Acc) + AC4(Fai))$

$\xrightarrow{ReP} AB1(GTc).\overline{AB2}(Tic).(AB3(Pay)+AB4(NoP))$

$.(\overline{AC3}(Acc) + \overline{AC4}(Fai))$

$| \overline{AB1}(GTc).\overline{BC1}(GCt).AB2(Tic).BC2(Clt)$

$.(\overline{AB3}(Pay) + \overline{AB4}(NoP))$

$| BC1(GCt).\overline{BC2}(Clt).(AC3(Acc) + AC4(Fai))$

$\xrightarrow{GTc} \overline{AB2}(Tic).(AB3(Pay)+AB4(NoP)).(\overline{AC3}(Acc)+\overline{AC4}(Fai))$

$| \overline{BC1}(GCt).AB2(Tic).BC2(Clt).(\overline{AB3}(Pay) + \overline{AB4}(NoP))$

$| BC1(GCt).\overline{BC2}(Clt).(AC3(Acc) + AC4(Fai))$

$\xrightarrow{GCt} \overline{AB2}(Tic).(AB3(Pay)+AB4(NoP)).(\overline{AC3}(Acc)+\overline{AC4}(Fai))$

$| AB2(Tic).BC2(Clt).(\overline{AB3}(Pay) + \overline{AB4}(NoP))$

$| \overline{BC2}(Clt).(AC3(Acc) + AC4(Fai))$

$\xrightarrow{Tic} (AB3(Pay) + AB4(NoP)).(\overline{AC3}(Acc) + \overline{AC4}(Fai))$

$| BC2(Clt).(\overline{AB3}(Pay) + \overline{AB4}(NoP))$

$| \overline{BC2}(Clt).(AC3(Acc) + AC4(Fai))$

$\xrightarrow{Clt} (AB3(Pay) + AB4(NoP)).(\overline{AC3}(Acc) + \overline{AC4}(Fai))$

$| (\overline{AB3}(Pay) + \overline{AB4}(NoP))$

$| (AC3(Acc) + AC4(Fai))$

$\xrightarrow{Pay} (\overline{AC3}(Acc) + \overline{AC4}(Fai)) \mid 0 \mid (AC3(Acc) + AC4(Fai))$

$$\xrightarrow{Acc} 0 \mid 0 \mid 0$$

$$P = P_{\text{Agent}} \mid P_{\text{Blank}} \mid P_{\text{Client}}$$

$$= AC1(Req).\overline{AC2}(ReP).\overline{AC2}(ReP).AB1(GTc).\overline{AB2}(Tic)$$

$$.(AB3(Pay) + AB4(NoP)).(\overline{AC3}(Acc) + \overline{AC4}(Fai))$$

$$\mid AC2(ReP).\overline{AB1}(GTc).\overline{BC1}(GCt).AB2(Tic).BC2(Clt)$$

$$.(\overline{AB3}(Pay) + \overline{AB4}(NoP))$$

$$\mid \overline{AC1}(Req).AC2(ReP).BC1(GCt).\overline{BC2}(Clt).(AC3(Acc) +$$

$$AC4(Fai))$$

$$\xrightarrow{Req} \overline{AC2}(ReP).\overline{AC2}(ReP).AB1(GTc).\overline{AB2}(Tic)$$

$$.(AB3(Pay) + AB4(NoP)).(\overline{AC3}(Acc) + \overline{AC4}(Fai))$$

$$\mid AC2(ReP).\overline{AB1}(GTc).\overline{BC1}(GCt).AB2(Tic).BC2(Clt)$$

$$.(\overline{AB3}(Pay) + \overline{AB4}(NoP))$$

$$\mid AC2(ReP).BC1(GCt).\overline{BC2}(Clt).(AC3(Acc) + AC4(Fai))$$

$$\xrightarrow{ReP} \overline{AC2}(ReP).AB1(GTc).\overline{AB2}(Tic).(AB3(Pay) + AB4(NoP))$$

$$.(\overline{AC3}(Acc) + \overline{AC4}(Fai))$$

$$\mid \overline{AB1}(GTc).\overline{BC1}(GCt).AB2(Tic).BC2(Clt)$$

$$.(\overline{AB3}(Pay) + \overline{AB4}(NoP))$$

$$\mid AC2(ReP).BC1(GCt).\overline{BC2}(Clt).(AC3(Acc) + AC4(Fai))$$

$$\xrightarrow{ReP} AB1(GTc).\overline{AB2}(Tic).(AB3(Pay) + AB4(NoP))$$

$$.(\overline{AC3}(Acc) + \overline{AC4}(Fai))$$

$$\mid \overline{AB1}(GTc).\overline{BC1}(GCt).AB2(Tic).BC2(Clt)$$

$$.(\overline{AB3}(Pay) + \overline{AB4}(NoP))$$

$$\mid BC1(GCt).\overline{BC2}(Clt).(AC3(Acc) + AC4(Fai))$$

$$\xrightarrow{GTc} \overline{AB2}(Tic).(AB3(Pay) + AB4(NoP)).(\overline{AC3}(Acc) + \overline{AC4}(Fai))$$

$$\mid \overline{BC1}(GCt).AB2(Tic).BC2(Clt).(\overline{AB3}(Pay) + \overline{AB4}(NoP))$$

$$\mid BC1(GCt).\overline{BC2}(Clt).(AC3(Acc) + AC4(Fai))$$

$$\xrightarrow{GCt} \overline{AB2}(Tic).(AB3(Pay)+AB4(NoP)).(\overline{AC3}(Acc)+\overline{AC4}(Fai))$$

$$|\ AB2(Tic).BC2(Clt).(\overline{AB3}(Pay)+\overline{AB4}(NoP))$$

$$|\ \overline{BC2}(Clt).(AC3(Acc)+AC4(Fai))$$

$$\xrightarrow{Tic} (AB3(Pay)+AB4(NoP)).(\overline{AC3}(Acc)+\overline{AC4}(Fai))$$

$$|\ BC2(Clt).(\overline{AB3}(Pay)+\overline{AB4}(NoP))$$

$$|\ \overline{BC2}(Clt).(AC3(Acc)+AC4(Fai))$$

$$\xrightarrow{Clt} (AB3(Pay)+AB4(NoP)).(\overline{AC3}(Acc)+\overline{AC4}(Fai))$$

$$|\ (\overline{AB3}(Pay)+\overline{AB4}(NoP))$$

$$|\ (AC3(Acc)+AC4(Fai))$$

$$\xrightarrow{NoP} (\overline{AC3}(Acc)+\overline{AC4}(Fai))\ |\ 0\ |\ (AC3(Acc)+AC4(Fai))$$

$$\xrightarrow{Fai} 0\ |\ 0\ |\ 0$$

以上两个推演过程分别代表了服务 Agent、Blank、Client 之间存在的两种交互方式,即两条交互路径。而推演的结果表明,3 个服务在任何一次交互中,其组合进程表达式最后均变成空进程,即 3 个服务进程在通过内部一系列同步通信之后均演变成空进程,说明这 3 个服务是完全兼容的。

第 4 章　组合服务运行期间的故障诊断

4.1　研究背景

　　随着互联网的迅猛发展,Web 服务技术日益成熟,越来越多的网络资源已经通过 Web 服务实现了资源共享与应用集成。初期发布于互联网上的 Web 服务大多是结构简单、功能单一的服务,无法满足实际业务的需求。为了能够有效的利用分布于网络中的单一服务,人们进一步提出了服务组合的概念。服务组合通过联合多个不同功能的 Web 服务,使服务之间进行有效的通信和协作,借以解决单个 Web 服务无法解决的复杂问题,实现服务间的无缝集成,形成功能强大的、可以满足实际业务需求的且具有增值功能的新的应用系统[58]。现在 Web 服务已经越来越多地应用在创建内部和外部业务流程的过程中[59,60],通过 Web 服务组合动态生成新的复合服务,减少软件开发部署成本,满足人们日益增长的个性化需求。

　　Web 服务组合的早期研究主要致力于发展对服务和组合进程进行描述的描述语言及行业标准[59],例如,BPEL 标准就是在这种需求下应运而生的,它是业界在以 XML、Web 服务为基础的诸多规范之上提出的一种标准化的服务组合语言。现在这些标准已经在世界范围内被普遍接受,它们使得根据特定业务需求连接多个 Web 服务来实现服务间的动态协作成为可能,是服务组合发展过程中的一个重要步骤,对于 Web 服务组合的发展是一个好的开始[61]。现阶段对于服务组合的研究聚焦于业务流程的构造、功能性语义的描述,以及服务的自动发现、选择和执行[62]。

作为动态网络环境下一种受欢迎的分布式计算模式,对于 Web 服务组合的研究在商业业务需求的驱动下不断地向前发展。然而,由于网络上的 Web 服务数量急剧增加,组合服务进程规模不断增大,使得在满足业务需求的同时,组合进程的复杂性也在不断提高,且对服务组合的可用性、可靠性以及它的容错能力提出了相当大的挑战[25]。除此之外,网络环境的动态变化、非预期的网络失效以及其他各种外部问题也会使服务在组合过程中受到影响。以上这些不确定因素导致服务组合在运行过程中会出现各种故障,而由于服务之间的互操作会使得这些故障在服务间不断累积和传播,这就让服务组合的故障问题更加突出[26]。因此,如何从大规模分布式系统中发现并移除故障,以保证组合进程的正常运行[27],已经成为一个亟待解决的重要问题。

国内外学者已经对 Web 服务故障管理做了一定的研究工作[63-67],主要集中在进程监控、异常探测、故障诊断和故障修复这 4 个方面。进程监控主要负责监控服务执行过程、记录在线诊断所需要的信息;异常探测主要负责比较并找出观察信息与系统描述之间的差异,及时发出系统异常警报;故障诊断主要负责根据系统出现的异常快速准确地找到导致异常的行为和原因;故障修复则主要用于消除故障对服务产生的影响,使服务恢复正常的运行状态,保证组合服务的正常运行。由于故障在服务间的累积与传播,使得所探测到的异常只是故障导致的结果,而不是故障发生的原因,仅依据所发现的异常对组合进程进行修复并无法真正保证进程的正常运行。因此,故障诊断是 Web 服务故障管理的核心问题,需要建立服务组合的故障诊断模型来对服务组合发生故障的位置以及原因进行诊断,并制定有价值的诊断策略以保证诊断的效率和准确性。

4.2 国内外研究现状

4.2.1 故障定义及分类

为了发现和定位故障,研究人员们首先对故障进行了定义。1978 年 Himmelblau[68]针对故障给出了一个一般性的定义:故障是指可观测的变量或与进程相关的可计算参数超出它的可接受范围。王道平和张忠义[69]提到,从诊断对象描述的角度出发,强调故障是系统的实际输出与所期望的结果不相容或系统的观测值与系统的行为描述模型所得的预测值存在矛盾;又从状态识别的角度出发,指出故障是系统的一种不正常状态。ISO 文档中也曾提到关于故障的概念,指出故障是组件、设备或子系统层可能导致失败的一个异常情况或缺点[59]。王竹晓等[70]在软件系统范围里将故障定义为背离系统正常和预期的一种行为。Psaier 等[71]将故障解释为系统运行期间系统行为偏离预期目标的事件。Web 服务故障则是指服务的实际输出与系统描述的输出不一致或无法达到系统的需求目标。

对故障进行科学、合理的分类是实现故障诊断的又一个必要条件。Venkatasubramanian 等[72-74]从全局角度将故障分为参数改变故障、路径改变故障以及传感器和执行器故障三大类。这种分类方式几乎适用于所有领域,但针对特定领域来说此种分类方法过于笼统。近年来已经有很多研究者依据服务故障的特点对服务故障进行了深入的研究,并给出很多故障的分类标准。Li 等[75]从故障产生的原因把故障分为网络故障、服务器故障和语义故障。Bruning 等[25]依据 SOA 的执行步骤将故障分为公布故障、发现故障、组合故障、绑定故障和执行故障。Fugini 等[76]根据 Web 服务的执行对象将故障分为内部数据故障、应用协作故障、角色故障、QoS 违反故障、Web 服务执行故障和 Web 服务协作故障六大类。Chan 等[59]从故障产生的原因将 Web 服务故障分为物理故障、开发故障和接口故障三大类,且指出了抛出的异常与故障之间的相互关系。Kopp 等[77]则依据 Web 服务平台的层次结构将故障分为通信层故障、传输层故障、消息层故障、QoS 层故障和组件层故障。刘丽等[78]将服务类型和执行过程相结合,把故障分为原子服务故障和组合服务故障,原子服务故障包括发布故障、发现故障、绑定故障和执行故障,组合服务故障则包括组合组件故障、组合过程故障和执行故障。这些分类方法都是从某一角度对 Web 服务故障进行分类,如产生原因、执行过程、系统结构等,这些故障分类方面的研究成果在很大程度上有效地支持了服务故障诊断的研究与发展。

4.2.2　基于模型的诊断方法

目前,依据服务故障的特性,研究者们已经提出了许多服务故障的诊断框架[79−91]和检测、诊断及修复方法[76, 92−114]。根据可获取的先验知识,针对 Web 服务的故障诊断方法主要包括两大类:基于模型的故障诊断方法和基于历史数据的故障诊断方法。

基于模型的诊断方法,利用已知的 Web 服务描述关于服务结构、功能和行为的信息去构建待诊断的 Web 服务进程模型或故障模型。这种方法提供了一种独立于进程的诊断推理过程,进而判断组合服务中哪些组件服务的不正确行为解释了给定的观察异常。基于模型的诊断方法不仅能够识别故障的组件,而且能够对故障的传播路径提供一种解释。

2005 年,Ardissono 等[61]首次在 Web 服务组合中应用基于模型的诊断方法。之后,不少研究者对 Web 服务故障诊断分门别类地进行研究,这些工作本质上都是基于模型的,有的使用自动机模型,有的使用 Petri 网,有的使用概率图模型。代表性的工作包括 Ardissono 等[61]的基于分层诊断模型的服务故障诊断方法及其改进,Li 等[115]的基于有色 Petri 网的服务故障诊断方法,Yan 等[116]的基于同步自动机的服务故障诊断方法,以及 Mayer 等[117]的知识不完备条件下的服务故障诊断方法。

例如,Ardissono 等[118]提出了一个基于分层诊断模型的 Web 服务故障诊断方法。全局诊断器负责调用与故障引发相关的局部诊断器来诊断对应的服务内部是否发生故障或进一步推断发生故障的服务。当一个异常从某服务抛出,全局诊断器要求该服务对应的局部诊断器接收并解释该异常,局部诊断器分析异常并将其推测提供给全局诊断器。该推测可能是该服务内部行为故障或另一个服务发送给该服务一个异常的输入,也可能是对该服务输出值的预测。全局诊断器可根据这个预测要求该服务对应的局部诊断器验证预测是否发生或做进一步预测。2006 年 Ardissono 等[119]在以上工作的基础上提出在检测出故障原因后如何调用相应的故障处理器对故障进行处理,以加强 Web 服务的故障管理能力。Bocconi 等[120]对该诊断方法进行分析,判别给定信息集是否具有精确定位故障点及原因的能力。2008 年 Ardissono 等[121]进一步改进了他们的服务故障诊断方法,提出一个通过诊断推理机制将处理器的执行与异常诊断器绑定,直接调用故障源处理器达到处理故障的目的。该方法的优点在于可将诊断任务分化,提高诊断的效率,并保证了 Web 服务的私有性,同时可分析出故障原因;缺点在于当服务粒度过大时,所有的 Web 服务都可能是故障起因,都需要进行局部诊断,导致诊断工作量过大,诊断效率降低。

Li 等[115]在 Ardissono 等人研究工作的基础上提出一种基于有色 Petri 网的 Web 服务故障诊断方法。该方法利用本地诊断器转化服务模型和它的故障模型成为一个有色 Petri 网,然后应用 Ardissono 等[61]提出的 3 种依赖关系,关联每一个依赖关系与一个颜色繁殖函数以表示数据状态(故障、正常或未知)。根据给定的颜色繁殖函数,诊断服务迭代地计算诊断结果直至与给定的观察结果最终一致。该方法的优点在于将诊断任务交给每个服务对应的局部诊断器来进行,既保证了不同服务之间的私有化,又减少了全局诊断器的诊断压力,而且利用 Petri 网描述服务进程简明清楚,便于故障路径的回溯分析,易于对故障进行定位。然而,该方法的正确性取决于故障模型的完整性,因此当一个不可预知的故障发生时,该方法无法做出准确的诊断。而由于网络的动态性和不可预知性,故障往往是无法事先预知的。

Yan 等[116]将 Web 服务组合的业务流程转换为同步自动机,对 Web 服务组合进行形式化建模。对观察路径与系统路径这两个自动机进行同步,找出进程的执行轨迹,并根据规则"抛出异常的事件本身可能是故障"及"给出异常输入的事件可能是故障"来分析轨迹上的事件,找出可能的故障事件。该方法假设故障能够通过执行期间的观察和进程模型之间的不一致来表示,然而,不完整的进程模型可能导致该方法的诊断能力下降。

Mayer 等[117]指出,基于不一致性的诊断往往受到可获取的有限的知识(如不完备的行为描述)的限制。基于这个问题,他们提出了一种在知识不完备条件下的故障诊断方法。该方法在构建的诊断模型中预定义一个行为集合和一个条件集合。行为集合描述的是必须包含在行为关系中及必须被禁止的输入、输出集合,条件集合描述的是对活动行为具有决定性且不受其他活动影响的条件判定。根据预定义的行为与条件集合,使观察集在排除产生的故障集合后满足预定义的行为和条件集合,并利用唯一的符号来表示未知的值,继而进一步验证产生的故障集。该方法的好处就是对问题的约束条件较少,可同时对多个故障进行诊断;缺点是必须预定义符合正确执行过程和不满足正确性的行为及规则集合,而且该方法需要进程重复执行进而获得观察值,然而服务运行期间发生的故障往往是无法在一个小规模配置中再次重现的。

夏永霖[122]提出了一个基于贝叶斯网络的故障诊断方法,通过将 Web 服务组合模型转换为贝叶斯网络,利用 Web 服务信誉(技术人员依据经验给出)和对历史运行数据进行学习的方法分别对贝叶斯网络中服务节点的先验概率以及服务输出节点的条件概率进行赋值,然后根据给出的诊断算法找出故障原因。这种方法的优点是可快速诊断故障发生位置,即使是在模型不完备或存在不确定性的情况下;缺点是对服务信誉值和历史运行数据依赖较大且需要人工介入。

范贵生等[123]根据服务组合运行时可能出现的服务运行失败、组件运行故障和网络故障 3 种情况的分析,采用 Petri 网来描述服务组合的故障处理模型,根据服务组合的特点和需求对服务组合的执行过程进行建模以获得服务组合的故障模型;再采用 CTL(Computation Tree Logic,计算树逻辑)

描述故障模型的相关性质,然后根据服务组合故障分析算法判断服务组合的正确性、可靠性,通过分析反例得到故障点。这种方法的优点是通过仿真实例验证了故障处理框架及算法的有效性,不过其缺点在于仅可以对所考虑到的故障进行分析、处理,缺少对未知故障发生后的分析处理能力。

Wang 等[124-127]提出了一个在网络企业级系统中集成监控、诊断与适应性服务的服务级管理的新方法。在此基础之上,探讨了两层贝叶斯网络模型优于 3 层贝叶斯网络模型的原因。附加的辅助层改变了上下层节点间的条件依赖关系,在两个模型中不同的概率参数集合和在 3 层模型中中间节点的存在使得模型更易于产生错误概率评估;而且两层贝叶斯网络模型复杂度低,易于建模。Wang 等给出了一个基于贝叶斯网络模型的基本的 Web 服务诊断过程:首先预先设定相关节点为贝叶斯网络模型中的诊断目标,考虑一定时间内的相关数据记录,相关事件数据被从监控数据库中读取或直接从相应时间内的警告信息中获得,之后事件数据被放入贝叶斯网络模型中,相应的证据(观测到的或读取出的警告)也被放置进去,接着调用 jointree 推理算法对信任进行更新,最后可能的故障原因被输出。该诊断系统的发展是基于 SMILE 推理工程及 jointree 算法(诊断推理算法)的。

4.2.3　基于历史数据的诊断方法

与基于模型的诊断方法相反,基于历史数据的故障诊断方法仅考虑历史数据作为先验知识,通过分析历史数据去构建诊断模型或对故障进行分类。该方法的优点在于它易于执行,不用分析行为间的逻辑关系,降低了诊断算法的复杂性,并且能够有效地处理数据。

Zhu 和 Dou[128]在 Ardissono 等[121, 129]提出的框架的基础之上,将 Web 服务组合历史数据转换为贝叶斯网络,通过由历史数据得出的服务成功运行概率和局部诊断器的条件概率计算所有可能的故障诊断结果的后验概率,以提供一个更加易处理的诊断结果。

Dai 等[62]提出了一个基于概率分析的故障诊断方法。首先根据历史错误信息计算每条异常行为路径的前驱行为集合中的每个行为是错误根源的概率,然后在异常发生时计算观测到的异常与假定错误集合的相似度,选取相似度最高的错误集合作为故障集。当历史数据中存在待诊断故障时,该方法的时间复杂度较低,诊断效率高。然而,该方法无法给出故障发生的合理解释,在数据不完整的情况下错误繁殖度的可信度较低,而在数据规模很大的情况下错误繁殖度的计算量又会很大。

在 Mostefaoui 等[130]提出的自我修复的 Web 服务系统架构中,分别从实例层、组件层和组合层将故障容忍机制与 Web 服务的核心代码分离。其诊断方法则是将历史记录的路径与现有执行路径相比较,从中找出符合的故障路径,用于判断故障的位置和原因。

Han 等[131]首先通过计算不同结构服务日志文件的结构相似性来构造基本的合并贝叶斯网络。根据相似性计算结果,将该网络中的结构节点划分为合并组和私有组,即相似节点集和私有节点集。然后在获得基本的合并贝叶斯网络的基础上,通过基于相似性的学习算法和给定的训练集更新合并贝叶斯网络概率。最后,通过选取与贝叶斯网络中相似性最大的故障模式,使给定的服务故障日志被分类为已知故障类型,获得诊断结果。该方法主要是将诊断问题通过数据分类转化为分类问题,降低诊断复杂性。然而该方法主要考虑在日志中记录的故障问题并将其分类,而忽略了一些语义等许多在日志中未作为故障记录的问题,因此该诊断方法具有很大的局限性。

4.2.4 其他诊断方法

此外,一些研究者也从其他角度出发提出了他们的故障诊断方法。例如,将基于模型的诊断方法与基于历史数据的诊断方法相结合,进而解决单个方法无法解决的问题。

例如,Kopp 等[77]分析了 Web 服务七层结构中不同层之间的相互作用,将故障分为通信层故障、传输层故障、消息层故障、服务质量层故障和组件层故障。依据对不同层的故障分析,详述了在 Apache ODE、Apache Sandesha 和 Apache Axis 环境下的故障处理策略。

Lakshmi 和 Mohanty[132]评述了在 Web 服务故障管理方面应用自动机构建验证、监控和诊断方面模型的工作,并指出这些模型的局限性。为了解决目前已有模型对系统的不确定性、人类行为和系统故障的不可预测性,使用随机自动机构建 Web 服务模型,通过给每个不确定性状态转换赋予一个描述该转换发生可能性的概率值,比较观察路径与预测路径来判定是否发生故障。该模型的优点在于对任何故障都可做出快速的诊断,缺点是不能解释故障发生的原因,而且其诊断的准确性没有得到验证。

Zhu 等[128]提出一个根据因果关系构建故障路径的诊断方法。首先构建一个故障传播流,在进程抛出异常后,根据进程执行记录从异常点出发构建故障的传播路径,然后利用给出的每个服务的输入、输出规约判断路径上每个节点(即服务或行为)是否是故障原因。Zhu 等还给出了一个测试框架用于测试该方法的诊断能力。该方法的优点在于可诊断多故障问题,且根据策略文件可给出故障引发的根本原因。缺点:该方法根据进程执行记录构造故障路径,在记录的行为粒度松散的情况下,无法找到故障的具体行为点,诊断的正确性也会降低;根据策略文件推断故障,在策略文件不完备的情况下,诊断的正确性无法得到保证。

Lamperti 和 Zanella[133]提出基于离散事件系统(Discrete Event System, DES)模型的诊断框架 EDEN,该框架主要由 3 部分组成,即 SMILE 编译器、模型基和诊断工程。首先,SMILE 将重构后的领域、系统和问题描述文件进行语义和句法处理,编译后的 3 类数据被分别存储在模型基中;然后,当异常发生时,诊断系统从模型基中检索所有需要的信息,重构所有能解释观察的系统演化过程,通过分析产生候选诊断;最后,将候选诊断展示给使用者并将故障规约信息存储在模型基中。该方法的优点在于可以做出快速的诊断并可同时诊断多个故障;缺点在于故障描述都是事先定义并存储于数据库中的,因此诊断的前期工作量相当的大,一旦有不符合现有描述的新故障发生,诊断工程会检索所有相关信息,既耗时又很难做出正确的诊断。2011 年,他们又提出一个针对离散事件系统的上下文相关的诊断方法[134]。该方法将待诊断系统转化为有限自动机,依据定理(给出的系统故障模式描述及包含系统行为最终状态的故障集的并集是诊断解)对系统进行诊断,找到故障原因。该方法的优点在于可对结构复杂的系统进行较深入的故障诊断并能给出故障原因;缺点是要对系统进行全面的建模,而且还要提前给出所有子系统的故障模式,这样无法保证服务的私有性,很难对出现的新故障进行诊断。

Kemper 等[135]指出系统进程均包含很多循环路径,这些循环路径一般都是正常的运行路径,当消除掉这些循环路径后,可根据初始路径长度与消减后路径长度的关系图识别出不规则行为,以及不规则行为发生的位置,通过分析不规则行为发生的原因来发现故障,认知故障类型,识别哪个事件对于达到一个特定状态是有用的。Kemper 还给出了一个消减循环、认知故障根源的可视化工具 Traviando。这个方法的好处在于直观,易于实时掌握故障的发生;缺点是无法解释故障发生的原因,而且该方法主要依赖进程历史数据,若数据不完整或粒度过大则很难发现故障。

Duan 等[136]提出了一个全系统相似性查询框架,包括系统建模、相似性计算、基于图的索引和查询的表示及执行这 4 个步骤。应用该框架可根据系统的历史数据分析推断系统发生故障的根本原因,能够对重复性故障做出快速的诊断。虽然该算法能够快速诊断出重复性故障,但是对于未知故障则需要操作人员的介入才能完成诊断。

4.2.5　各种诊断方法的比较

从表 4.1 中我们可以看出,各种诊断方法各有其优缺点。基于模型的诊断方法可以深入动态服务系统的本质,依据系统内部结构和行为知识构建服务模型,通过分析观测行为与预期服务行为的差异来推理出诊断结果。然而,此类方法诊断前大多需要对 Web 服务进行完整的建模,对于大部分Web 服务来说构建一个完备的系统正常行为模型或故障模型往往是不现实的。模型本身的不完备,导致该方法的诊断精确性无法得到保证。基于历

史数据的诊断方法的优点在于易于对故障进行分析,利于诊断系统的维护
和改进,但该方法对历史数据的依赖较大,诊断的精确性往往受到可获得的
历史数据的限制;当数据量很大时其诊断能力随之提高的同时计算量也成
倍增加,并且这种方法大多只能找出故障发生的位置却无法解释故障发生
的原因。其他方法为 Web 服务的故障诊断提供了新的诊断思路,但已有的
方法还存在各种不足。

表 4.1　各种 Web 服务故障诊断方法的比较

诊断方法	优　点	不　足	类　别
基于一致性的诊断方法	1.可识别未知故障; 2.对故障的传播路径做出解释	要求一个完备的服务模型	基于模型的诊断方法
基于贝叶斯网络的诊断方法	1.诊断效率高; 2.不需要一个完备的服务模型	需要人工干预	
基于路径分析的诊断方法	不需要一个完备的服务模型	1.需要进程重复执行进而获得观察值; 2.需预定义判定条件	
基于故障模型的诊断方法	根据故障模型可快速诊断出故障发生位置	要求一个完备的故障模型,对未知故障的处理能力差	
基于概率分析的诊断方法	时间复杂度低、诊断效率高	1.无法解释故障传播路径; 2.对历史数据覆盖信息的能力要求较高	基于历史数据的诊断方法
基于路径比较的诊断方法	只需要历史执行路径信息,诊断效率高	对历史执行路径未覆盖的故障无法做出诊断	
基于物理结构的诊断方法	依据对不同层的故障分析构建故障模型,无需服务行为描述与历史数据	无法诊断服务内部故障,如逻辑故障、数据语义故障	其他诊断方法
基于概率模型的诊断方法	通过分析历史数据给定模型状态转换概率,可对未知故障进行诊断	无法解释故障发生原因,且方法的可行性未得到验证	
基于规则的诊断方法	对故障传播路径做出解释	需要构建输入、输出规则,对规则的完备性要求较高	

4.2.6　目前存在的主要问题

虽然国内外对 Web 服务故障诊断的研究已经取得了很大的进步,但是现有服务故障诊断方法尚不能很好地满足服务计算的动态性、开放性、自主性和社会性要求,特别是存在以下需要进一步改进和解决的问题。

(1)当前研究者所提出的分布式诊断框架大多使用单一诊断方法对服务故障进行诊断,框架中每个 Web 服务都对应一个诊断服务,诊断服务通过与待诊断的 Web 服务相匹配的特定诊断接口诊断该服务故障,并通过诊断协调器协调、控制所有诊断服务的诊断流程。然而,目前单一诊断方法尚无法满足诊断所有可能故障的需求,而且诊断服务规模会随着服务应用系统规模的扩大成指数级别增长。因此,需要一个能够集成多种诊断方法的新的分布式诊断框架,依据 Web 服务的诊断需求动态调用诊断服务的分布式服务诊断框架来降低诊断系统的规模,提高诊断效率。

(2)现有的基于模型的服务故障诊断方法大多假设有一个完备的系统行为描述,即系统具有确定性的状态和行为。然而,这些方法构建的系统模型往往并不完备,缺少对系统中部分状态和行为的定义。另外,此类方法一般通过从异常点出发沿着因果关系路径回溯来寻找故障行为,对于具有大量服务组件的复杂系统而言,诊断规模与系统规模潜在地成指数级别增长,导致方法的诊断效率及诊断质量低下,难以广泛应用于实际当中。如何构建一个完备的系统模型,提高诊断效率和质量是服务故障诊断研究急需解决的问题。

(3)目前的基于模型的服务故障诊断方法一般假设系统所定义的业务流程是正确的,通过寻找实际观测与定义的行为和状态的差异来诊断服务故障。而在实际的服务应用系统中,系统定义的业务流程有时并不满足用户的使用需求,从而导致系统发生故障。对于如何定位违反实际使用需求的系统预定义行为的研究还有待推进。

(4)由于服务计算的动态性和开放性,Web 服务应用系统包含许多非确定的状态和行为,这些状态和行为很难通过形式化的方式来描述。现有针对具有非确定性服务系统的诊断一般采用概率统计分析的方法,然而这类方法无法深入动态系统的本质进行实时诊断。因此,对于非确定性服务系统的实时故障诊断还有待进一步研究和探索。

(5)在实际的服务诊断系统当中,诊断信息内存在一定数量的噪声数据,这些噪声数据在很大程度上影响了诊断的精确性。一种能够过滤噪声数据、完善诊断模型、提高诊断精确性的服务诊断方法具有重要的应用价值和现实意义。

本章主要目标是根据服务系统的不同特性,通过借鉴离散事件系统的故障诊断方法[137-151]和程序故障诊断的相关方法[152-171],系统、深入地解决开放环境下分布式系统的 Web 服务故障诊断问题。

4.3　Web 服务的分布式诊断理论

4.3.1　引言

从 Web 服务自身的特点来看,它实现了服务提供者与使用者之间的动态链接,形成了松耦合的分布式 Web 服务应用系统[89]。早在 2005 年,著名的诊断专家 Console 等人提出了针对 Web 服务的基于模型的诊断架构 WS-Diamond[90],使服务应用系统诊断的研究受到越来越多的研究人员的关注。基于模型的故障诊断技术是人工智能领域的一个重要研究方向,这种方法只需要待诊断服务的进程模型,通过服务的正常状态模型获得待诊断服务的预测形态,然后根据这两种形态的差异获得诊断结果。这种诊断方法具有深厚的理论基础,可以从本质上深入分析故障发生的原因,实时进行故障的检测和诊断[172]。2009 年,Li 等[115]改进了该框架,使系统模型与诊断器分离,其特点是为应用系统中的每一个 Web 服务分配一个诊断服务。现有服务故障诊断方法大多假设服务具有确定性的状态和行为,以便构造完备的行为模型或故障模型,尚不能很好地满足服务计算的分布式诊断要求。

在现实生活中,大多数复杂系统都是信息分散的。而在各类复杂系统中,最常见的就是分布式系统。这类系统在考虑系统的并发性、分布性、可靠性、安全性等特性的同时,实现分布式监控、资源共享、动态扩展、远程调度等多项功能。然而对于分布式系统来说,系统故障除了行为节点自身的故障、工作流执行故障外,还包括通信故障,所以常规的故障诊断方法不能直接用于分布式系统的诊断。针对这一问题,研究者们相继提出了许多分布式系统诊断的解决方案[104, 135, 143, 145, 173, 174]。相关工作表明,可以将分布式系统看成由许多可以互相通信的模块组成的网络,每个模块的行为可以用离散事件系统(DES)模型来表示[151, 175]。离散事件系统又称事件驱动型动态系统,是一类系统状态变化由离散事件触发的动态系统。与传统的物理系统不同,离散事件系统中存在着大量的离散事件,系统运行过程难以用物理定律加以描述,而是受控于一些人为设计的逻辑规则。因此,人们使用自动机、Petri 网或进程代数等工具为诊断对象建模。

总之,研究者们针对各层次不同角度的问题提出了多种理论模型和分析技术,这些基于模型的理论和技术已开始在许多领域得到应用。如何将各种模型和理论方法集成起来,形成多层次、多模型的理论体系,以全面反映分布式系统的复杂性并给出解决实际问题的有效方法,已成为一个重要的研究方向[175]。为此,本章给出 Web 服务故障的基本诊断理论,并提出一个依据 Web 服务的诊断需求、动态调用诊断服务的新的分布式服务诊断框架,用以更好地适应服务计算的动态性、开放性、自主性和社会性等特点。

4.3.2　基于模型的 Web 服务诊断理论

基于诊断的目的,大部分分布式系统都可以根据待检测故障的特性在一定程度上被抽象成系统行为模型。其基本过程是通过为待诊断系统构造系统模型,在给定一组观察的情况下,基于该系统模型进行诊断推理,获得系统的故障行为及相应解释,即诊断结果。

4.3.2.1　系统模型

定义 4.1　一个待诊断系统可以用二元组 $System = (SD, COMPS)$ 来表示,其中 SD 为一组系统行为描述,$COMPS$ 是一组用于描述系统内部组件的有限常量集。

定义 4.2　在系统中一个组件 $c_i \in COMPS$ 的状态用 $\neg ab(c_i)$ 和 $ab(c_i)$ 来表示,其中 $\neg ab(c_i)$ 表示组件 c_i 处于正常状态,$ab(c_i)$ 表示组件 c_i 处于一种异常状态。

定义 4.3　系统的观察集合 OBS 是系统中一组可观测到的输入、输出值。

定义 4.4　待诊断系统的系统模型用三元组 $SM = (SD, COMPS, OBS)$ 来表示,其中 SD 为一组系统行为描述,$COMPS$ 是一组用于描述系统内部组件的有限集,OBS 是系统中一组可观测到的输入、输出值。

根据待诊断系统的状态和行为的确定性,可将系统模型分为确定模型和概率模型[63]。确定模型主要用于具有确定性状态和行为的待诊断系统建模,通过形式化系统规约来描述系统行为。对于基于确定性模型的故障诊断研究,目前主要使用有限自动机、进程代数和 Petri 网这 3 种数学工具来构建模型。而概率模型主要用于具有非确定性状态和行为的待诊断系统建模,依据系统的历史运行情况使用概率来描述系统行为。为了建立更加完备、有效的系统模型,de Kleer[169] 和 Abreu[160] 将概率描述信息引入基于一致性的诊断,为故障诊断候选集赋予一定的先验概率,并给出新加入观测数据情况下候选集概率的迭代公式。然而,从理论上看,模型的不完备是必然的,这就要求研究者们在构建系统模型时从诊断需求出发,在模型的复杂性和完备性之间进行权衡,选择适合诊断需求的系统模型。

在构建系统模型时,针对所使用的历史数据和系统规约完备性的不同,Web 服务故障诊断方法的分布如图 4.1 所示。图中灰色圆圈表示其他研究者提出的诊断方法,带图案背景的圆圈表示本文所提出的诊断方法。从图中可以看出,现有方法大多不是假设有一个完备的系统行为规约,就是假设获得的历史数据能够覆盖所有的故障类型。为此,本章依据可获得的诊断信息的不同,在不同的诊断假设前提下从诊断需求出发,提出了 3 种基于不同诊断模型的服务故障诊断方法。

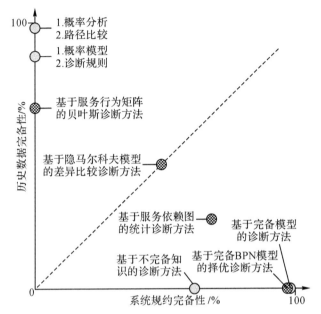

图 4.1 基于诊断信息完备性的 Web 服务故障诊断方法的分布

4.3.2.2 诊断推理

迄今为止,研究者们已经提出了很多诊断推理方法,有基于模型的[93,140]、基于贝叶斯网络的[127,170]、基于概率[62,169]的方法等。虽然这些方法的诊断推理形式各不相同,但是都基于系统观察是否与系统描述或预期一致的基本理论来进行故障诊断。假设已经确定一个系统存在故障,那么诊断推理就是一个为了使所观察到的系统行为与系统描述相一致而找出哪些系统组件是正常的,哪些组件是故障的判定过程。

定义 4.5 诊断 D 是系统模型 $SM = (SD, COMPS, OBS)$ 的一个诊断,当且仅当 $SD \cup D \cup OBS \nvdash \perp$。

从定义 4.5 来看,诊断就是一种使 SD、D 和 OBS 达到逻辑一致的状

态,这里将 D 分为两部分:

(1)D_n 表示状态正常的组件集合,即 $D_n = \{\neg ab(c_i) \mid c_i \in COMPS\}$;

(2)D_f 表示状态异常的组件集合,即 $D_f = \{ab(c_i) \mid c_i \in COMPS\}$。

通常,当一个系统发生故障时,会有多个组件表现出异常的行为,然而其中一些组件的异常可能是由其他组件的故障行为所引起的。而诊断推理所关注的就是找到引起这些组件异常的最小故障行为集合。

定义 4.6 对于系统模型 SM,一个诊断 D 是一个最小诊断当且仅当没有其他诊断 D' 使得 $D'_f \subset D_f$。

也就是说,当不存在一个比 D_f 更小的故障集合能够解释 SM 的故障行为时,D 就是 SM 的最小诊断。我们也可以使用 Reiter[176] 所提出的冲突集和最小冲突描述诊断。

定义 4.7 对于一个系统模型 SM,集合 C 是 SM 的一个冲突集当且仅当 $C \subseteq ES$ 且 $C \cap es \neq \varnothing$ 对于每一个 $es \in ES$ 均成立。在这里,es 表示系统一次执行的组件集合,ES 表示系统所有执行的组件集合的集合。

定义 4.8 C 是一个最小冲突集当且仅当没有其他的冲突集 $C' \subseteq C$。

定理 4.1 对于一个系统模型 SM 的诊断 D 是一个最小诊断当且仅当 D 是一个最小冲突集。

4.3.2.3 基本诊断过程

如图 4.2 所示,一个诊断过程主要由故障监测、故障定位、故障修复 3 部分组成。

(1)故障监测:主要监测系统是否出现异常,获取系统信息,为诊断系统故障定位提供依据。监测方法包括静态监测、动态测试、形式化验证等方法。

(2)故障定位:根据故障监测所提供的能反映系统状态的信息,与系统描述进行比较,进行逻辑推理分析或概率计算,定位系统故障,从故障性质和位置确定故障产生的原因,为排除故障、恢复系统正常运行做好准备。

(3)故障修复:当诊断出系统存在的故障时,根据故障原因及故障类型分析并确定修复策略,包括替换、重试等。

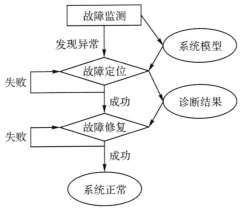

图 4.2 诊断过程

从诊断过程可以看出,诊断的基本思想就是通过实际监测与系统模型间的差异来定位故障行为,进而修复故障系统,使其恢复正常运行。系统模型一类描述的是系统正常行为,故障是指实际行为偏离了系统正常行为轨迹;一类描述的是系统可能发生的故障类型,这时故障则是指实际行为属于预定义故障类型中的一类或几类。

4.3.3 Web 服务故障的分布式诊断

4.3.3.1 系统模型与诊断

定义 4.9 一个分布式诊断系统 $DS = \{ds_1, ds_2, \cdots, ds_n\}$ 是一个二元组 (SM, D),其中 $ds_i(1 \leqslant i \leqslant n)$ 表示诊断子系统,$ds_i = (SM_i, D_i)$,SM_i 是 SM 中与 ds_i 相对应的待诊断系统的子系统描述,D_i 是 ds_i 对 SM_i 的诊断。

分布式诊断系统 DS 的诊断器用来协调所有的诊断子系统的局部诊断结果,使所有的诊断达到最终的一致。

定理 4.2 对于分布式诊断系统 DS,D 是 SM 的一个诊断当且仅当 $D_1 \cup \cdots \cup D_n \not\vdash \bot$。

4.3.3.2 Web 服务诊断的基本框架

现有的分布式诊断系统大多采用诊断器与子系统诊断器这种结构对系

统故障进行诊断,为每一个子系统分配一个诊断器,由系统诊断器负责协调所有子系统的诊断结果,最终获得一个最小故障集。这种分布式诊断结构会使诊断系统规模随着系统规模的扩大而成指数级增长,而且这些分布式诊断系统一般只采用一种诊断方法,无法满足 Web 服务故障诊断中的动态需求。随着 Web 服务技术的不断发展,云计算平台的不断普及以及人们对服务要求的不断提高,服务出现故障的条件也在不断发展。这就需要一个有弹性的诊断平台,依据异常类型选择不同的诊断服务及诊断组件,使诊断系统满足 Web 服务不断增长的诊断需求,节约诊断成本。为此,本章从如下几方面进行考虑。

(1)随着社会需求的不断变化,Web 服务自身也在不断地改进和更新,因此服务的行为描述和历史数据也是不断变化的。为了获取不断变化的诊断信息,以使得诊断更加准确和快速,我们提出的诊断架构利用异常处理器不断地收集 Web 服务的相关信息,并将信息筛选后发送给诊断服务,以使诊断服务能够及时地依据最新的服务执行情况做出及时、准确的诊断。

(2)由于单个诊断服务只能针对一些特定问题做出诊断,并且服务发生的故障问题也是无法预知的,因此我们将多个诊断服务整合在诊断架构中,利用异常处理器来选择适当的诊断服务对服务进行诊断,以期获得更好的诊断结果,有助于故障问题的快速处理,节约诊断时间。

(3)通过将诊断服务划分为 3 个不同的功能组件,对诊断服务做最大化的解耦。通过这种解耦,诊断架构不仅能够自由选择不同的诊断服务来解决不同的故障问题,并且能够随意地删除、替换、增加、组合不同诊断服务的诊断组件,以改进单个服务的诊断能力,节约构建一个新的诊断服务的诊断成本。此外,这种解耦方式还能够使网络中的诊断服务之间共享诊断资源,增加诊断资源再利用的可能性,减少诊断消耗,达到节约诊断成本的目的。

基于 Web 服务应用系统的特性,我们提出了一个自动化的 Web 服务诊断框架,通过异常处理器来选择所需的诊断方法,满足诊断的需求。如图4.3,该诊断框架主要包括以下 4 个部分。

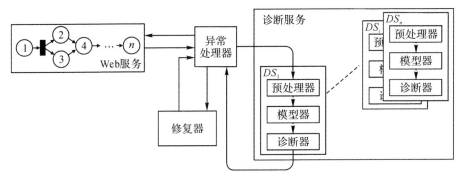

图 4.3　Web 服务诊断基本框架

(1)Web 服务:待诊断的 Web 服务的相关诊断信息,包括服务行为描述(如 BPEL、WSDL 等)、服务执行的历史数据和服务异常执行信息。当 Web 服务发生异常时,由其相对应的异常处理器负责对异常进行处理。

(2)异常处理器:主要负责监测和捕捉 Web 服务执行期间出现的异常信息,收集诊断信息,根据异常和诊断信息类型选择适当的诊断服务或组装所需的诊断组件,并负责将诊断信息发送给诊断服务。当获得诊断服务返回的诊断结果时,异常处理器负责根据诊断结果调用恰当的修复策略去消减故障的影响。如果诊断服务返回如下诊断结果——故障行为调用了其他 Web 服务而发生故障,那么异常处理器还需要调用相应的诊断服务去诊断被调用了的 Web 服务,并且根据诊断的结果做出相应的处理。

(3)诊断服务:主要负责根据给定的诊断信息对故障发生的位置及原因做出诊断,并且将诊断结果返回给异常处理器。诊断服务本身又包含 3 个诊断组件:预处理器、模型器和诊断器。①预处理器负责接收异常处理器发送的诊断请求,并从异常处理器中读取需要的诊断信息,将诊断信息转化为诊断服务所需的服务模型,如完备 BPN 模型、服务执行矩阵和隐马尔可夫混合模型,便于诊断服务对问题的分析和判断。②模型器负责根据从预处理器获得的服务模型来构建诊断模型,如定义行为依赖关系、求解最小故障行为集及求解与异常路径最相似的正确执行路径。③诊断器负责根据模型器构建的诊断模型诊断服务故障,并将诊断结果返回给异常处理器。

125

(4)修复器:负责根据从异常处理器获得的故障信息选择最佳的修复策略,并将其返回给异常处理器。

4.4 基于完备 BPN 模型的择优诊断方法

4.4.1 引言

传统的基于模型的诊断推理需要考虑所有可能的系统执行路径,通过观测与模型的差异找出故障,这就要求系统模型必须是完备的。在假设给定的服务行为描述完备的前提下,为了完善服务模型,提高方法的诊断能力,本章提出了一种应用 Petri 网构建 BPEL 进程模型的诊断方法,通过构建一个完备的服务模型和一套精确的诊断推理过程来实时地判定观测行为是否是故障行为。

为了进一步减少诊断的组件数目以提高诊断效率,本章所提出的基于完备 BPN 模型的择优诊断方法利用故障历史数据来计算每个待诊断行为发生故障的概率,故障概率越高,越早对其进行诊断,减少被诊断行为数量,提高诊断效率。通过仿真实验的验证,该方法确实能够有效提高诊断的精确性和诊断效率。

4.4.2 基本概念

4.4.2.1 BPEL

BPEL 是一种用于自动化商业流程的形式化规约语言,是专为整合 Web 服务而定制的一项规范标准[129, 177, 178]。BPEL 的作用是将一组现有的 Web 服务组合起来,从而定义一个新的 Web 服务。BPEL 给定了一组形式化规约,用于定义商业流程行为和商业交互协议。BPEL 语言的基本单位是活动,且 BPEL 的流程主体由一系列的基本活动和结构活动组成。

BPEL 中的基本活动是 BPEL 商业流程与外界进行交互最简单的形式,它们是与服务进行交互、操作、传输数据或者处理异常的无序的个别步骤,活动内部不会嵌套其他活动。在 BPEL 中主要包括如下几类基本活动。

（1）Receive：和外界进行交互的基本活动之一，用于等待匹配消息的到来。

（2）Reply：用于对收到的消息发送一个回复消息，即发送消息给合作者来应答通过 Receive 活动所接收到的消息。

（3）Invoke：和外界进行交互的基本活动之一，用于在一个合作者提供的端口上，调用单向的（One-Way）或者请求/响应（Request-Response）操作。

（4）Assign：用于传输数据的基本活动，把数据从一处复制到另一处。

（5）Wait：暂停流程执行，使流程等待一段时间或到达某个截止期限后再执行。

（6）Throw：表明发生了某个故障，用于发出故障信号。

（7）Empty：不执行任何的动作。

BPEL 中的结构活动规定了一组活动发生的顺序，描述了商业流程是如何通过执行组合后的基本活动而被创建的。这些结构活动表达了商业流程实例间的控制形式、数据流程、故障和外部事件的处理以及消息交换的协调。BPEL 中主要包括如下几类结构活动。

（1）Sequence：定义一组按顺序执行的活动。

（2）Switch：根据条件选择一个相应的分支活动执行。

（3）While：循环执行一组特定的活动，直至终止循环条件被满足。

（4）Flow：定义一组并发或同步执行的活动。

（5）Pick：定义一种基于外部事件的不确定选择，依据某个事件的发生选取相关活动执行。

4.4.2.2 Petri 网

为了便于诊断推理，在诊断系统中 Web 服务行为往往需要用一种形式化的方法来表示。然而，服务行为的转换比较复杂，往往无法用常规数学方法来描述，因此，研究人员一般采用能够描述行为状态和转移的各种形式化表示方法来对服务系统建模，如 Petri 网、进程代数和自动机。这里我们使用 Petri 网来描述服务行为,更具体地说是 BPEL 进程,其中主要有以下几个原因:①为了表示组合服务的执行流程,Petri 网中描述过程的形式化语义是必不可少的;②库所和变迁之间的因果关系有助于描述和分析活动及其输入、输出之间的关系;③Petri 网特别适用于描述系统的并发、异步和分布式特征;④图形化的表示形式有助于对整个模型的理解。

Petri 网是一个构建并行分布式系统的基本建模工具,它起源于 1962 年 Carl Adam Petri 的博士论文,在论文中 Petri 网是用于描述化学过程的。Petri 网的基本思想是在带有状态变迁的系统中描述系统状态的改变。Petri 网是一种对于描述和研究信息处理系统非常有前途的工具,这些系统一般具有并发、异步、分布、并行、不确定性和(或)随机等特性[179, 180]。

Petri 网包含库所和变迁两种元素,这两种元素通过有向弧连接。通常,变迁表示行为,而库所表示在一个行为被执行前需要满足的状态或条件。库所还可能包含标码(Token),通过所执行的行为,这些 Token 可以从一个库所移动到其他库所。

定义 4.10 一个 Petri 网是一个三元组 $N = (P, T, F)$,则

(1)P 是库所的有限集;

(2)T 是变迁的有限集;

(3)$F \subseteq (P \times T) \bigcup (T \times P)$ 是变迁与库所的流关系;

(4)$P \bigcap T = \varnothing$;

(5)$P \bigcup T \neq \varnothing$;

(6)$dom(F) \bigcup cod(F) = S \bigcup T$;

(7)$dom(F) = \{x \mid \exists y : (x, y) \in F\}$;

(8)$cod(F) = \{y \mid \exists x : (x, y) \in F\}$。

定义 4.11 设 x 是 Petri 网 $N = (P, T, F)$ 中的任意元素,则:

(1)若 $(p, t) \in F$,那么库所 p 是变迁 t 的一个输入库所;

(2)若 $(t, p) \in F$,那么库所 p 是变迁 t 的一个输出库所;

(3)令 $x, y \in P \bigcup T$,那么 $\cdot y = \{x \mid (x, y) \in F\}$ 称为 y 的前向集,$x^{\cdot} = \{y \mid (x, y) \in F\}$ 称为 x 的后向集;

(4)由前向集和后向集可引出 $\dot{x} = \{x\}$。

图 4.4 给出了一个 Petri 网示例,图中的 3 个圆圈表示库所 $P = \{p_1,$ $p_2, p_3\}$,长方形表示变迁 $T = \{t\}$,流关系 $F = \{(p_1, t), (p_2, t), (t, p_3)\}$,变迁 t 的前向集 $\cdot t = \{p_1, p_2\}$,后向集 $t^{\cdot} = \{p_3\}$,库所 p_2 中的黑点表示 Token。

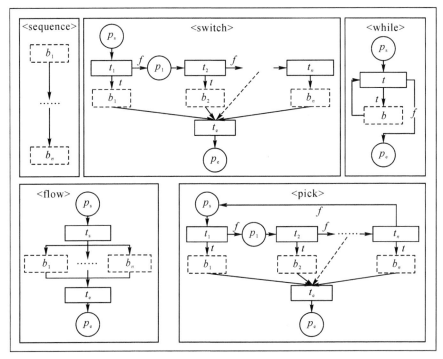

图 4.4 一个 Petri 网示例

4.4.3 BPN 模型

BPN 模型是 Petri 网的一个扩展模型,用于描述 BPEL 活动和流程。在这里,我们要特别指出:

(1)所有的 BPN 模型都是从一个开始库所开始,由一个终止库所结束,并且开始库所的前向集和终止库所的后向集都是空集;

(2)每个库所都包含一组变量,也叫作 Token 集,这个 Token 集通过变

迁从一个库所移动到另一个库所并且它们的值通过变迁中的操作被改变;

(3)每个变迁都包含一个操作,操作中包含操作名、端口名和服务名;

(4)活动中的条件和表达式被视为计算操作,并且计算操作中还包含权重值 t 和 f,通过权重值计算操作选择移动到后面的哪一个库所。

定义 4.12 BPEL 进程模型 $BPN = (p_s, p_e, P, T, F, W, V, OP)$,其中:

(1) p_s 是 BPN 的开始库所,p_e 是 BPN 的终止库所,$p_s \in P \wedge p_e \in P$;

(2) $P = \{p_1, p_2, \cdots, p_m\}$ 是库所的一个有限集;

(3) $T = \{t_1, t_2, \cdots, t_r\}$ 是变迁的一个有限集,且 $\forall t \in T, \, \cdot t \neq \varnothing \wedge t \cdot \neq \varnothing$;

(4) $F \subseteq (P \times T) \cup (T \times P)$ 是库所与变迁之间的流关系;

(5) $W: F \rightarrow \{t, f, \varnothing\}$ 是库所与变迁之间弧权重的映射,权重的缺省值是 $\varnothing$;

(6) $V = \{v_1, v_2, \cdots, v_k\}$ 是变量的一个有限集,对于 $\forall 1 \leqslant i \leqslant k$,都有 $v_i = (vname, vtype, vvalue, part_j)$,并且在 v_i 中,$vname$ 表示变量 v_i 的名字,$vtype$ 表示变量 v_i 的类型,$vvalue$ 表示变量 v_i 的值,$part_j$ 表示 v_i 所属的变量名;

(7) $Part = \{part_1, part_2, \cdots, part_l\}$,且对于 $\forall 1 \leqslant j \leqslant l$,都有 $part_j = (name_j, type_j, value_j)$,此外,$l$ 表示 $Part$ 中元素的个数,$name_j$ 表示 $part_j$ 的名字,$type_j$ 表示 $part_j$ 的类型,$value_j$ 表示 $part_j$ 的值;

(8) $OP = \{op_1, op_2, \cdots, op_n\}$ 是操作的一个有限集,且对于 $\forall 1 \leqslant i \leqslant n$,都有 $op_i = (opn, port, service)$,其中 opn 表示操作名,$port$ 表示包含操作 opn 的端口名,$service$ 表示包含端口 $port$ 的服务名;

(9)对于 $\forall 1 \leqslant i \leqslant m$ 和 $\forall 1 \leqslant j \leqslant k, p_i. v_j$ 表示变量 v_j 存在于库所 p_i 中;

(10)对于 $\forall 1 \leqslant i \leqslant r, t_i. op$ 表示操作 op 属于变迁 t_i。

4.4.3.1 基本活动建模

基本活动的 BPN 模型见图 4.5。

定义 4.13 receive 模型

$$BPN_{rec} = (\{p_s, p_e\}, \{t_{rec}\}, \{(p_s, t_{rec}), (t_{rec}, p_e)\}, \{\varnothing\}, \{v\}, \{op_{rec}\})$$

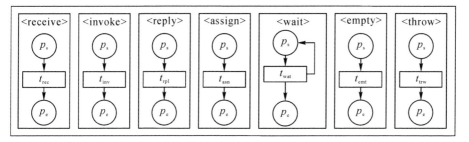

图 4.5　基本活动的 BPN 模型

当一个消息被操作 op_{rec} 接收且消息的值被分配给库所 p_e 中的变量 v 时,活动 receive 被激活。

定义 4.14　reply 模型

$$BPN_{rpl} = (\{p_s, p_e\}, \{t_{rpl}\}, \{(p_s, t_{rpl}), (t_{rpl}, p_e)\}, \{\varnothing\}, \{v\}, \{op_{rpl}\})$$

一个 reply 活动被用于发送一个响应给一个之前被 receive 活动接收的请求,且该响应仅适用于同步交互,其中变量 v 被用于存储输出消息。

定义 4.15　invoke 模型

$$BPN_{inv} = (\{p_s, p_e\}, \{t_{inv}\}, \{(p_s, t_{inv}), (t_{inv}, p_e)\}, \{\varnothing\}, \{v_i, v_o\}, \{op_{inv}\})$$

invoke 活动的操作 op_{inv} 可能是一个同步的请求/响应操作,也可能是一个异步的单向操作。一个异步调用仅要求一个输入变量 v_i,且没有一个响应作为该调用操作的一部分;而一个同步调用不仅要求有输入变量 v_i 也要求有输出变量 v_o,且 $v_i.vtype = v_o.vtype$。

定义 4.16　assign 模型

$$BPN_{asn} = (\{p_s, p_e\}, \{t_{asn}\}, \{(p_s, t_{asn}), (t_{asn}, p_e)\}, \{\varnothing\}, \{V_i, V_o\}, \{copy(V_i, V_o)\})$$

assign 活动被用于将消息通过操作 copy 从输入变量 V_i 复制到输出变量 V_o。

定义 4.17　wait 模型

$$BPN_{wat} = (\{p_s, p_e\}, \{t_{wat}\}, \{(p_s, t_{wat}), (t_{wat}, p_e), (t_{wat}, p_s)\}, \{t, f\}, \{\varnothing\}, \{cnd\})$$

wait 活动描述了一个某一时间段或到达一个特定期限的延迟。当条件 cnd 被满足时,即 $W = t$ 时,流程移动到下一个库所 p_e,否则流程将在库所 p_s 等待条件被满足。

131

定义 4.18 throw 模型

$$BPN_{trw} = (\{p_s, p_e\}, \{t_{trw}\}, \{(p_s, t_{trw}), (t_{trw}, p_e)\}, \{\varnothing\}, \{V_f\}, \{throw(V_f)\})$$

当流程需要发送一个明确的内部故障信号时,throw 活动被激活。该活动被要求提供故障的名字 $V_f.vname$,并且能够有选择的提供故障数据 $V_f.value$。

定义 4.19 empty 模型

$$BPN_{emt} = (\{p_s, p_e\}, \{t_{emt}\}, \{(p_s, t_{emt}), (t_{emt}, p_e)\}, \{\varnothing\}, \{\varnothing\}, \{\varnothing\})$$

BPEL 商业流程经常需要活动 empty 以使流程不执行任何活动。

4.4.3.2 结构活动建模

结构活动的 BPN 模型见图 4.6。

定义 4.20 sequence 模型 $BPN_{seq} = \{b_i \mid 1 \leqslant i \leqslant n\}_{seq}$,其中:

(1) $b_i = (p_{si}, p_{ei}, P_i, T_i, F_i, W_i, V_i, OP_i)$;

(2) $p_s = p_{s1}, p_e = p_{en}$;

(3) $P = (\bigcup\limits_{i=1}^{n} P_i \cup P') \setminus \{p_{s(i+1)}, p_{ei} \mid 1 \leqslant i < n\}$, $P' = \{p_i \mid \overset{\cdot}{p_i} = \overset{\cdot}{p_{ei}}, 1 \leqslant i < n\}$;

(4) $T = \bigcup\limits_{i=1}^{n} T_i$;

(5) $F = (\bigcup\limits_{i=1}^{n} F_i \cup F') \setminus \{(\cdot p_{ei}, p_{ei}), (\overset{\cdot}{p_{s(i+1)}}, p_{s(i+1)}) \mid 1 \leqslant i < n\}$ 且 $F' = \{(\cdot p_{ei}, p_i), (p_i, \overset{\cdot}{p_{s(i+1)}}) \mid 1 \leqslant i < n, p_i \in P'\}$;

(6) $W = (\bigcup\limits_{i=1}^{n} W_i \cup W') \setminus \{w(\cdot p_{ei}, p_{ei}), w(p_{s(i+1)}, \overset{\cdot}{p_{s(i+1)}}) \mid 1 \leqslant i < n\}$ 且 $W' = \{w(\cdot p_{ei}, p_i) \mid w(\cdot p_{ei}, p_i) = w(\cdot p_{ei}, p_{ei}) \wedge 1 \leqslant i < n \wedge p_i \in P'\} \cup \{w(p_i, \overset{\cdot}{p_{s(i+1)}}) \mid w(p_i, \overset{\cdot}{p_{s(i+1)}}) = w(p_{s(i+1)}, \overset{\cdot}{p_{s(i+1)}}) \wedge 1 \leqslant i < n \wedge p_i \in P'\}$;

(7) $V = \bigcup\limits_{i=1}^{n} V_i$;

(8) $OP = \bigcup\limits_{i=1}^{n} OP_i$。

一个 sequence 活动被用于连接不同的活动块并按顺序执行这些活动块,一个活动块可以是一个基本活动,也可以是一个包含基本活动的结构活动。对于一个 sequence 活动,活动块 b_i 的终止库所中的变量应与 b_{i+1} 的开始库所的变量相对应(主要指变量类型、端口类型相一致),如果不存在相对应的变量则该活动无效。

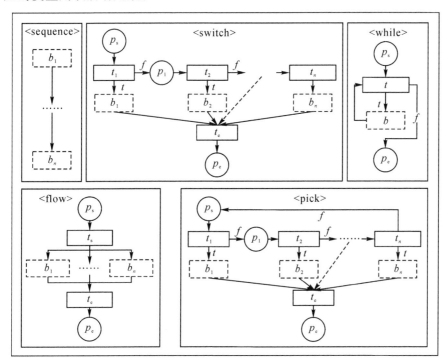

图 4.6　结构活动的 BPN 模型

定义 4.21　switch 模型 $BPN_{swc} = \{(c_i, b_i) \mid 1 \leqslant i \leqslant n\}_{swc}$,其中:

(1) $b_i = (p_{si}, p_{ei}, P_i, T_i, F_i, W_i, V_i, OP_i)$;

(2) $P = \bigcup_{i=1}^{n} P_i \cup \bigcup_{i=1}^{n-1} \{p_i\} \cup \{p_s, p_e\}$;

(3) $T = \bigcup_{i=1}^{n} T_i \cup \bigcup_{i=1}^{n} \{t_i\} \cup \{t_e\}$ 且 $t_i.op = c_i$;

(4) $F = \bigcup_{i=1}^{n} F_i \cup \{(p_s, t_1), (t_e, p_e)\} \cup \bigcup_{i=1}^{n-1} \{(t_i, p_i), (p_i, t_{i+1})\} \cup \bigcup_{i=1}^{n} \{(t_i, p_{si}), (p_{ei}, t_e)\}$;

(5) $W = \bigcup_{i=1}^{n} W_i \cup \bigcup_{i=1}^{n-1} \{W(t_i, p_i) = f\} \cup \bigcup_{i=1}^{n-1} \{W(t_i, p_{si}) = t\}$;

$(6)\ V = \bigcup\limits_{i=1}^{n} V_i$;

$(7)\ OP = \bigcup\limits_{i=1}^{n} OP_i \cup \bigcup\limits_{i=1}^{n} \{c_i\}$ 且 $c_n = \varnothing$。

Switch 活动包含多个条件活动块,这些活动块被依次检查其执行条件是否被满足。如果条件 c_1 被满足,则活动块 b_1 被执行,否则检查条件 c_2 是否被满足;如果 $\{b_i \mid 1 \leqslant i \leqslant n-1\}$ 的条件都未被不满足,则执行活动块 b_n。

定义 4.22　while 模型 $BPN_{\text{whl}} = \{(c,b)_k\}_{\text{swc}}$,其中:

$(1)\ b = (p'_s, p'_e, P', T', F', W', V', OP')$;

$(2)\ P = P' \cup \{p_s, p_e\}$;

$(3)\ T = T' \cup \{t\}$ 且 $t.op = c$;

$(4)\ F = F' \cup \{(p_s, t), (t, p_e), (t, p'_s), (p'_e, t)\}$;

$(5)\ W = W' \cup \{W(t, p'_s) = t, W(t, p_e) = f\}$;

$(6)\ V = V'$;

$(7)\ OP = OP' \cup \{c\}$;

$(8)\ k$ 表示循环次数。

循环活动迭代地执行活动块 b,直到给定的条件 c 不再被满足。

定义 4.23　flow 模型 $BPN_{\text{flw}} = \{b_i \mid 1 \leqslant i \leqslant n\}_{\text{flw}}$,其中:

$(1)\ b_i = (p_{si}, p_{ei}, P_i, T_i, F_i, W_i, V_i, OP_i)$;

$(2)\ P = \bigcup\limits_{i=1}^{n} P_i \cup \{p_s, p_e\}$;

$(3)\ T = \bigcup\limits_{i=1}^{n} T_i \cup \{t_s, t_e\}$;

$(4)\ F = \bigcup\limits_{i=1}^{n} F_i \cup \{(p_s, t_s), (t_e, p_e)\} \cup \bigcup\limits_{i=1}^{n} \{(t_s, p_{si}), (p_{ei}, t_e)\}$;

$(5)\ W = \bigcup\limits_{i=1}^{n} W_i$;

$(6)\ V = \bigcup\limits_{i=1}^{n} V_i$;

$(7)\ OP = \bigcup\limits_{i=1}^{n} OP_i$。

Flow 活动中包含一组并发执行的活动块,当所有的活动块都执行结束后该活动完成。

定义 4.24　pick 模型 $BPN_{pck} = \{(e_i, b_i) \mid 1 \leqslant i \leqslant n\}_{pck}$,其中:

(1) $b_i = (p_{si}, p_{ei}, P_i, T_i, F_i, W_i, V_i, OP_i)$;

(2) $P = \bigcup\limits_{i=1}^{n} P_i \cup \{p_s, p_e\} \cup \bigcup\limits_{i=1}^{n-1} \{p_i\}$;

(3) $T = \bigcup\limits_{i=1}^{n} T_i \cup \{t_e\} \cup \bigcup\limits_{i=1}^{n} \{t_i\}$ 且 $t_i.op = e_i$;

(4) $F = \bigcup\limits_{i=1}^{n} F_i \cup \{(p_s, t_1), (t_e, p_e), (t_n, p_s)\} \cup \bigcup\limits_{i=1}^{n-1} \{(t_i, p_i), (p_i, t_{i+1})\}$ $\cup \bigcup\limits_{i=1}^{n} \{(t_i, p_{si}), (p_{ei}, t_e)\}$;

(5) $W = \bigcup\limits_{i=1}^{n} W_i \cup \bigcup\limits_{i=1}^{n-1} \{W(t_i, p_i) = f\} \cup \bigcup\limits_{i=1}^{n} \{W(t_i, p_{si}) = t\} \cup \{W(t_n, p_s) = f\}$;

(6) $V = \bigcup\limits_{i=1}^{n} V_i$;

(7) $OP = \bigcup\limits_{i=1}^{n} OP_i \cup \bigcup\limits_{i=1}^{n} \{e_i\}$。

Pick 活动由一组分支活动块组成,每一个分支包含一个活动块。当与某一分支相关联的事件发生时,该分支中的活动块被执行。需要注意的是,当 pick 已经执行某一分支中的活动块时,其他活动块则不再通过 pick 被执行;当活动 pick 超时时,最后一个活动块 b_n 被执行,事件 e_n 表示超时事件。

4.4.4　基于 BPN 模型的择优诊断

一个 BPEL 进程发生的故障可能是由许多原因引起的,如消息与端口的匹配不正确、数据格式错误、互联网连接问题等等。诊断的目标就是当进程抛出异常时快速、准确地找出故障活动并且指出故障发生的原因。

为了便于诊断模型的构建及诊断方法的执行,我们首先对可获得的诊断信息做出如下假设:

(1)BPEL 进程规约文件是可获得的,且包含进程活动及输入、输出消息;

（2）进程的历史执行数据是可获得的,历史执行数据记录的是每次失败执行中所有执行的活动、抛出异常的活动及真正引起故障的活动;

（3）抛出异常的执行路径是可获得的,并且按顺序记录了执行的活动。

4.4.4.1　诊断模型

一个基于 BPN 进程模型的诊断模型定义了活动之间正常的依赖关系,通过分析这些依赖关系,找到违反这些给定依赖关系的活动,该诊断模型能够精确地定位进程故障并且解释故障发生的原因,如数据类型故障、误匹配故障等。

定义 4.25　一个基于 BPN 模型的 BPEL 进程诊断模型表示为 $BDM=(BPN, OBS, D)$,其中:

（1）$BPN = (p_s, p_e, P, T, F, W, V, OP)$;

（2）$OBS = (T', V', OP')$ 是一组观察集合;

（3）$D = \{EQ, EQT, EQV, IN, CO\}$,其中 EQ 用于表示两个给定的操作是一样的,EQT 表示两个给定的变量的类型是一样的,EQV 表示两个给定的变量的值相等,IN 表示一个输出参数是通过调用另一个服务所产生的,CO 表示一个给定的表达式或条件表达式的计算结果。

对于基本活动的诊断模型被描述如下:

定义 4.26　receive 的诊断模型形式化定义为

$$D(t_{rec}) = \{EQ(op_{rec}, op'_{rec}), EQT(v, v'), EQV(v, v')\}$$

如果进程模型中 receive 的操作与观察到的实际操作一样,定义的变量类型和与观察到的变量类型相同,并且 receive 活动接收的消息值与实际观察中变量的值相等,那么活动 receive 没有发生故障,否则其就是故障的活动。

定义 4.27　reply 的诊断模型形式化定义为

$$D(t_{rpl}) = \{EQ(op_{rpl}, op'_{rpl}), EQT(v, v'), EQV(v, v')\}$$

如果进程模型中 reply 的操作与观察到的实际操作一样,定义的变量类型与观察到的变量类型相同,并且 reply 活动接收的消息值与实际观察中变量输出的值相等,那么活动 reply 没有发生故障,否则其就是故障的活动。

定义 4.28　invoke 的诊断模型形式化定义为

$$D(t_{inv}) = \{EQ(op_{inv}, op'_{inv}), EQT(v_i, v'_i), EQT(v_o, v'_o), IN(op'_{inv}.service)\}$$

如果进程模型中 invoke 的操作与观察到的实际操作一样,输入输出变量类型与实际观察到的变量类型相同,并且产生实际操作的服务是 $op'_{inv}.$ $service$,那么活动 invoke 是正常的,否则其就是故障的活动。

定义 4.29　assign 的诊断模型形式化定义为

$$D(t_{asn}) = \{EQT(v_i, v'_i), EQT(v_o, v'_o), EQV(v'_i, v'_o)\}$$

如果进程模型中 assign 的输入输出变量类型与实际观察到的变量类型相同,且实际观察中的输入值与输出值相等,那么活动 assign 就是正常的,否则其就是故障活动。

定义 4.30　wait 诊断模型形式化定义为

$$D(t_{wat}) = \{EQV(CO(cnd), CO(cnd'))\}$$

如果进程模型中 wait 的条件表达式计算得到的值与实际观察到的值相等,那么该活动就是正常的,否则其就是故障活动。

定义 4.31　empty 的诊断模型形式化定义为

$$D(t_{emt}) = \{EQ(t'_{emt}.op, \varnothing)\}$$

如果实际观察到的 empty 的操作为空,那么该活动就是正常的,否则就是故障活动。

这里并没有定义活动 throw 的诊断模型,throw 本身是用于抛出进程异常的,因此在正常的活动依赖关系中我们不将其考虑在内。

对于结构活动的诊断模型被描述如下:

定义 4.32　sequence 的诊断模型形式化定义如下,D_i 表示对 sequence 中第 i 个活动块的诊断。

$$D(t_{seq}) = \bigcup_{i=1}^{n} D_i$$

如果 sequence 中的所有活动块都没有发生故障,则 sequence 活动正常,否则其就是故障的结构活动。

定义 4.33　switch 的诊断模型形式化定义如下,其中 k 表示 switch 选择第 k 个分支,D_k 则表示对第 k 个分支中活动块的诊断。

$$D(t_{\mathrm{swc},k}) = \bigcup_{i=1}^{k-1} \{EQV(CO(c_i),f)\} \bigcup \{EQV(CO(c_k),t) \bigcup D_k\}$$

如果前 $k-1$ 个分支的条件都不被满足,而第 k 个分支的条件被满足且第 k 个分支中的活动块正常,那么 switch 活动是正常的,否则其就是故障的结构活动。

定义 4.34 while 的诊断模型形式化定义如下,其中 k 表示 while 的循环次数,c_i 表示第 i 次循环的循环条件的变化情况,D_i 表示第 i 次循环的活动块的变化情况。

$$D(t_{\mathrm{whl},k}) = \bigcup_{i=1}^{k} \{EQV(CO(c_i),t) \bigcup D_i\} \bigcup \{EQV(CO(c_{k+1}),f)\}$$

如果前 k 次循环的循环条件都被满足,循环活动块都被诊断为正常,并且第 $k+1$ 次循环的循环条件为否,那么该结构活动就是正常的,否则其就是故障的结构活动。

定义 4.35 flow 的诊断模型形式化定义如下,n 表示 flow 中包含的并发活动块个数,D_i 表示 flow 中第 i 个并发活动块。

$$D(t_{\mathrm{flw}}) = \bigcup_{i=1}^{n} D_i$$

如果 flow 中的所有活动块都没有发生故障,则 flow 活动正常,否则其就是故障的结构活动。

定义 4.36 pick 的诊断模型形式化定义如下,k 表示活动 pick 执行了第 k 个分支活动块,D_k 表示对 pick 中的第 k 个活动块的诊断。

$$D(t_{\mathrm{pck},k}) = \{EQV(CO(e_k),t) \bigcup D_k\}$$

如果事件 e_k 发生,且活动块 D_k 诊断正常,那么 pick 活动是正常的,否则其就是故障的结构活动。

4.4.4.2　诊断方法

应用上面给出的诊断模型,我们能够精确地诊断出每个活动是否是故障活动。然而,我们还需要考虑的是如何减少诊断的活动个数,以使得在异常发生时能够快速地定位故障,保证进程的正常执行。因此,当一个异常在进程执行期间发生时,我们首先使用 BDM 诊断模型对抛出异常的活动进行诊断。如果异常活动本身就是故障,那么将诊断结果发送给异常处理器,让其处理;如果异常活动是正常的,那么利用历史执行数据计算观察到的异常执行中每个活动的故障概率,然后选择概率最高的活动进行诊断,直到找到故障为止;如果所有的活动都被诊断完成且均是正常的,那么就通知异常处理器进程的输入信息可能是不正确的。

算法 4.1　$BDM(BPN, OBS, D)$

输入:进程模型 BPN,异常执行 OBS,诊断模型 D。

输出:诊断解 DS。

```
01：T = null；DS = null；t = OBS.tf；
02：while (T！= OBS.T)
03：  if D(t) = fault ∧ t∈基本活动
04：    DS = DS∪{；
05：    break；
06：  else if D(t) = fault ∧ t∈结构活动
07：    DS = DS∪D(t.block)；
08：  else T = T∪{t；
09：  end if
10：  //计算活动故障概率,并选择概率最大的活动作为诊断对象
11：  t = max(DP(OBS.T－T, OBS.tf))；
12：end while
13：if DS = null, DS = {OBS.input；
14：return DS；
```

根据给定的进程模型 BPN 和观察到的异常执行 OBS,我们可以采用算法 4.1 来对进程进行诊断。这里给出根据历史数据计算活动故障概率的计算公式:

$$DP(t, tf) = \frac{P(\bar{t}, \tilde{tf})}{P(\tilde{tf})} \tag{4.1}$$

其中，$P(\bar{t},t\widetilde{f}) = n(\bar{t},t\widetilde{f})/N, P(t\widetilde{f}) = n(t\widetilde{f})/N, n(\bar{t},t\widetilde{f})$ 表示活动 tf 抛出了异常且活动 t 是故障的失败执行个数；而 $n(t\widetilde{f})$ 表示活动 tf 抛出了异常的失败执行的个数，N 表示失败执行的总数。在式 4.1 中，还需考虑循环结构中活动个数的计算方法。对于循环结构中的活动，无论它循环执行了多少次，在该次执行中这个活动的执行次数只记为 1。

4.4.5 案例研究

前面已经系统地阐述了进程模型和诊断方法，下面提供一个真实的 BPEL 进程来举例说明进程模型的构造过程以及发生异常时的诊断过程。

如图 4.7 所示，当一个用户想要在网上订购机票时，用户通过订票服务端口（UserBookingPT）向订票代理服务发送订票请求。订票代理服务首先

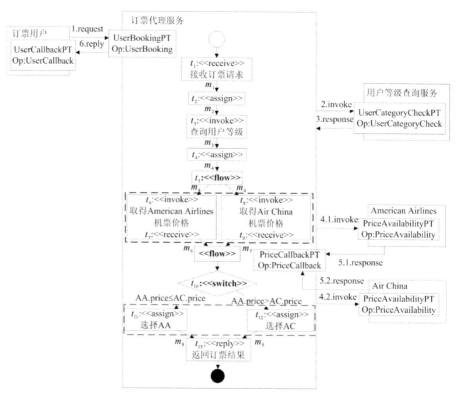

图 4.7　订票代理服务实例

根据接收到的用户信息调用用户等级查询服务来查找用户等级,如普通用户、VIP 用户等。然后订票代理服务再根据用户的等级及用户输入的机票信息(如时间、出发地、目的地等)从 American Airlines 和 Air China 两个航空公司查询相应的机票价格。最后,订票代理服务比较价格并返回最便宜的机票信息给用户。

首先,我们通过订票代理服务的 BPEL 进程规约构建 BPN 模型(图 4.8):

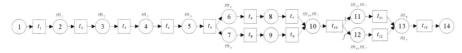

图 4.8　订票代理服务的 BPN 模型

$(1) BPN_{t1} = (\{p_1, p_2\}, \{t_1\}, \{(p_1, t_1), (t_1, p_2)\}, \{\varnothing\}, \{m_1\}, \{op_{t1}\});$

$(2) BPN_{t2} = (\{p_2, p_3\}, \{t_2\}, \{(p_2, t_2), (t_2, p_3)\}, \{\varnothing\}, \{m_1, m_2\}, \{copy(m_1, m_2)\});$

$(3) BPN_{t3} = (\{p_3, p_4\}, \{t_3\}, \{(p_3, t_3), (t_3, p_4)\}, \{\varnothing\}, \{m_2, m_3\}, \{op_{t3}\});$

$(4) BPN_{t4} = (\{p_4, p_5\}, \{t_4\}, \{(p_4, t_4), (t_4, p_5)\}, \{\varnothing\}, \{m_3, m_4\}, \{copy(m_3, m_4)\});$

$(5) BPN_{t5} = \{BPN_{t6}, BPN_{t7}, BPN_{t8}, BPN_{t9}\}_{flw};$

$(6) BPN_{t6} = (\{p_6, p_8\}, \{t_6\}, \{(p_6, t_6), (t_6, p_8)\}, \{\varnothing\}, \{m_4\}, \{op_{t6}\});$

$(7) BPN_{t7} = (\{p_8, p_{10}\}, \{t_7\}, \{(p_8, t_7), (t_7, p_{10})\}, \{\varnothing\}, \{m_6\}, \{op_{t7}\});$

$(8) BPN_{t8} = (\{p_7, p_9\}, \{t_8\}, \{(p_7, t_8), (t_8, p_9)\}, \{\varnothing\}, \{m_4\}, \{op_{t8}\});$

$(9) BPN_{t9} = (\{p_9, p_{10}\}, \{t_9\}, \{(p_9, t_9), (t_9, p_{10})\}, \{\varnothing\}, \{m_7\}, \{op_{t9}\});$

$(10) P = \{p_5, p_6, p_7, p_8, p_9, p_{10}\};$

$(11) T = \{t_5, t_6, t_7, t_8, t_9\};$

$(12) F = \{(p_5, t_5), (t_5, p_6), (t_5, p_7), (p_6, t_6), (p_7, t_8), (t_6, p_8), (t_8, p_9),$
$(p_8, t_7), (p_9, t_9), (t_7, p_{10}), (t_9, p_{10})\};$

$(13) W = \{\varnothing\};$

$(14) V = \{m_4, m_6, m_7\};$

$(15)OP = \{op_{t5}, op_{t6}, op_{t7}, op_{t8}, op_{t9}\}$；

$(16)BPN_{t10} = \{(AA. price \geqslant AC. price, BPN_{t11}), (AA. price < AC. price, BPN_{t12})\}_{swc}$；

$(17)BPN_{t11} = (\{p_{11}, p_{13}\}, \{t_{11}\}, \{(p_{11}, t_{11}), (t_{11}, p_{13})\}, \{\varnothing\}, \{m_6, m_7, m_8\}, \{copy((m_6, m_7), m_8)\})$；

$(18)BPN_{t12} = (\{p_{12}, p_{13}\}, \{t_{12}\}, \{(p_{12}, t_{12}), (t_{12}, p_{13})\}, \{\varnothing\}, \{m_6, m_7, m_9\}, \{copy((m_6, m_7), m_9)\})$；

$(19)P = \{p_{10}, p_{11}, p_{12}, p_{13}\}$；

$(20)T = \{t_{10}, t_{11}, t_{12}\}$；

$(21)F = \{(p_{10}, t_{10}), (t_{10}, p_{11}), (t_{10}, p_{12}), (p_{11}, t_{11}), (p_{12}, t_{12}), (t_{11}, p_{13}), (t_{12}, p_{13})\}$；

$(22)W = \{W(t_{10}, p_{11}) = t, W(t_{10}, p_{12}) = f\}$；

$(23)V = \{m_6, m_7, m_8, m_9\}$；

$(24)OP = \{copy((m_6, m_7), m_8), copy((m_6, m_7), m_9), AA. price \leqslant AC. price, AA. price > ; AC. price\}$；

$(25)BPN_{t13} = (\{p_{13}, p_{14}\}, \{t_{13}\}, \{(p_{13}, t_{13}), (t_{13}, p_{14})\}, \{\varnothing\}, \{m_8, m_9\}, \{op_{rpl}\})$。

然后，假设 American Airlines 和 Air China 两个航空公司的 Web 服务返回给订票代理服务的价格信息有语义不兼容问题。一个中国用户想要订购一张从中国北京到美国洛杉矶的飞机票，于是他输入订票信息并向订票代理服务发送订票请求。订票代理服务根据用户信息查询两个航空公司的机票价格，American Airlines 返回的机票价格是 4151，其货币单位是美元，相当于 25620 元，而 Air China 返回的机票价格是 21620，其货币单位是元。订票代理服务默认货币单位是元，因此订票代理服务从 American Airlines 航空公司的 Web 服务接收了一个错误信息，最后返回给用户的信息是 American Airlines 航空公司的机票最便宜。

在订票代理服务这个案例当中，由于语义故障，订票代理服务发生了异常，即 $D(t_8) = \{EQT(m_7, m'_7) = fault\}$，这里的消息 m'_7 是实际观察到的从 American Airlines 接收到的价格信息。通过诊断我们判定活动 t_8 故障，且故障原因是消息类型不匹配。

4.4.6　仿真实验

4.4.6.1　实验设置

为了评估本章方法的有效性，我们使用 Matlab 实现了一个用于服务故障诊断的仿真实验系统，系统框架如图 4.9 所示。

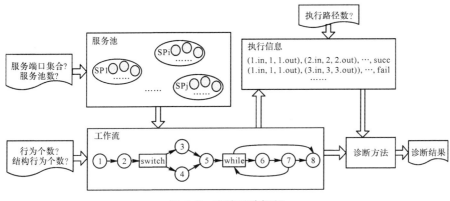

图 4.9　实验系统框架

该系统从 QWS(Quality of Web Service)数据集[181, 182]中收集了 2507 个真实的 Web 服务属性集合，并且将这些服务属性赋予 2507 个行为节点，这些行为节点被分配到不同的服务池当中。通过定义一组服务端口集合，并将集合中的服务端口随机分配给每个服务池的一个输入端口和一个输出端口，使同一服务池中的所有服务节点都具有相同的输入和输出端口。为了生成所需要的 Web 服务工作流，首先给定要生成的 Web 服务的行为个数和其中包含的结构行为个数。根据给定的个数，利用随机选择方法确定结构行为在工作流中的位置，从选择、并发、循环中随机选择一个作为结构行为的结构类型。然后，从服务池中随机选择一个服务节点作为要生成的 Web 服务的初始行为节点，检查下一个节点是否是结构行为节点。如果不是结构行为节点，则根据当前节点的输出端口从服务池中找到具有与该端口类型一致的输出端口的服务池,再从该服务池中随机选择一个服务节点作为该 Web 服务的下一个行为节点;如果是结构行为节点,则将相应结构行为节点插入,并根据结构类型和内部基本行为节点个数从服务池中选择服务节点。而结构节点自身则按照普通节点一样分配节点属性,直至节点数达到给定的服务节点数,整个 Web 服务生成完成。最后,根据已得到的工作流及其行为的属性,生成指定个数的工作流执行路径。如果并没有特别指出节点失败执行概率,那么则按照初始服务属性中的可靠性概率生成节点,否则按照给定失败概率生成执行路径。通过得到的工作流及其执行信息,我们可以使用设定的诊断方法对服务故障进行诊断。

我们设置了两个评价准则:准确率和诊断效率。准确率是指在所有诊断中诊断正确的次数占总诊断次数的比例;而诊断效率则是指一次诊断获得诊断结果所需要的时间(单位:ms)。

此外,为了验证提出的方法是否提高了诊断的准确性,我们将所提出的方法的诊断结果与两种经典的基于模型的诊断方法进行了比较,一种是 Ardissono 等[61]提出的模型诊断方法,该方法在诊断时主要考虑行为间的 3 种依赖关系,即 forward(输出与输入相同)、source(没有输入,输出是由行为创建的)、elaboration(输出是行为修改输入后产生的);一种是 Yan 等[116]提出的基于同步自动机模型的诊断方法,该方法主要考虑进程两个相关行为间的依赖关系,并且给出了明确的诊断定义。

将以上提到的 3 种诊断方法应用于 3 个真实的 BPEL 进程当中,表 4.2 显示了这 3 个 BPEL 进程的部分特征。从表中我们可以看出,3 个进程有不同的活动数和变量数,并且包含不同的结构活动。进程 1 和进程 2 包含 flow 和 switch 结构活动,即包含并发和选择行为;进程 3 不仅包含并发行为,而且还包含循环行为。

我们对每一个进程注入 3 种故障类型:数据故障,即随机改变或删除变量输出的数值;数据类型不匹配的故障,即随机改变活动输出变量的类型;行为逻辑故障,即随机使用一个活动代替另外一个活动。

表 4.2　3 个 BPEL 进程的结构特征

进程	活动数/个	变量数/个	是否包含 flow	是否包含 switch	是否包含 while
进程 1	13	9	是	是	N/A
进程 2	17	20	是	是	N/A
进程 3	23	26	是	N/A	是

4.4.6.2　实验分析及对比

第一组实验是比较 3 种方法的诊断准确性,我们对每一个进程共注入 100 次故障,并且在产生相应历史执行数据时给定故障活动执行失败的概率为 0.8,而其他活动一直成功地执行。

在图 4.10 中,bpn 表示我们所提出的基于完备 BPN 模型的择优诊断方法,yan 表示 Yan 等[116]提出的基于同步自动机的诊断方法,ard 表示 Ardissono 等[61]所提出的诊断方法。从图中可以看出,基于完备 BPN 模型的择优诊断方法的准确性大大高于其他两种方法,而 yan 方法的准确性又高于 ard 方法。这主要是由于 ard 方法只考虑了单个活动与其输入、输出之间的依赖关系,而没有考虑活动之间的依赖关系,因此对于业务逻辑故障无法做出准确的诊断;yan 方法在其诊断模型中定义了活动与其输入、输出之间的关系,而且也定义了活动之间的结构关系,但是它没有明确地定义出变量类型与变量值之间的依赖关系;而基于完备 BPN 模型的择优诊断方法不仅考虑到了活动本身与其输入、输出之间的关系和活动之间的结构关系,而且明确地定义了变量类型以及变量值这两种依赖关系。因此,基于完备 BPN 模型的择优诊断方法在诊断的准确性方面优于另外两种方法,能够有效地对服务故障进行定位。

第二组实验是评估 3 种方法的诊断效率,我们随机产生 100 组 Web 服务,每组中包含 10 个具有相同活动个数的服务。我们依照上面提到的故障注入方法对每个服务注入故障并产生执行数据。然后,我们使用 3 种诊断方法分别对这 100 组 Web 服务进行故障诊断,计算每组服务中每个方法的平

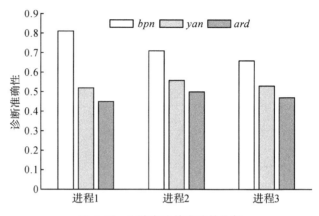

图 4.10　3 种方法的准确性比较

均诊断时间并对 3 种方法的诊断时间进行了比较。

图 4.11 显示了 3 种诊断方法在诊断时间上的比较结果,从图中可以看出,我们所提方法的诊断时间要远远少于其他两种方法的诊断时间。*yan* 和 *ard* 这两种方法都是从异常抛出点开始从后向前逐一对活动进行诊断,直至找到故障;而我们所提方法通过活动以往发生故障的概率来对待诊断活动进行排序,先对概率高的活动进行诊断,这样大大减少了被诊断的活动个数,从而缩减了诊断的时间。

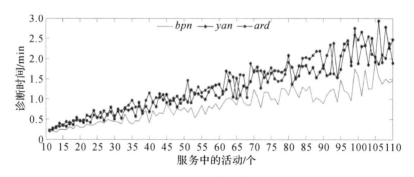

图 4.11　3 种方法的诊断时间比较

图 4.12 显示了 3 种方法对不同规模服务的平均诊断个数,从图中可以看出,我们所提出的方法诊断的活动个数也是远远小于其他两种方法的。

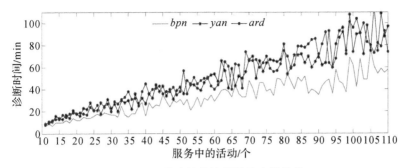

图 4.12　3 种方法的诊断活动个数比较

从上面两组实验可以看出,我们的方法与已有的方法比较,在诊断的准确性和诊断效率方面都优于已有方法。

4.5　基于隐马尔可夫模型的差异比较诊断方法

4.5.1　引言

传统的基于模型诊断有一个重要的假设前提,即系统模型是完备的。然而从理论上看,模型永远是不完备的,因为它不是系统本身,总有模型没有定义或无法描述的系统行为。为此,一些研究者使用基于历史数据的诊断方法,通过服务历史数据中行为执行情况预测行为发生故障的概率,对服务故障进行诊断。然而,此类方法也有它自己的局限性,在实际的服务诊断系统中,历史数据内往往存在一定数量的噪声数据,这些噪声数据在很大程度上影响了诊断的精确性。AI-Masri 和 Mahmoud[183] 通过 Web 服务爬虫引擎(Web Service Crawler Engine, WSCE)从网络中收集的 WSDL 的链接(URL)中只有 79% 的有效链接,而有效链接中又有 21% 的无效服务接口。由此可以说明,在实际应用当中,我们很难获得完备的系统模型或理想的历史数据来对服务进行故障诊断。

针对系统模型不完备以及历史数据中存在噪声数据的情况,我们提出一种利用合并服务行为描述和历史数据来完善模型、过滤噪声的故障诊断方法——基于隐马尔可夫模型(Hidden Markov Model, HMM)的差异比较诊断方法。该方法借鉴了隐马尔可夫模型中利用状态转移概率来描述行为间依赖关系的思想,通过分析服务行为间的依赖关系来构建系统正常行为和消息转移矩阵。然后将隐马尔可夫模型中的正常消息转移序列与观察到的异常行为中的消息转移序列进行比较,找到可能是故障的消息并用恰当的消息转移替代它,从而获得一个正确的消息转移序列。通过 Viterbi 算法再找出能够与求得的正确消息转移序列具有最大相似性的行为转移序列,将该行为序列与观察序列相比较并找到差异,从而定位服务的故障行为,通过故障发生位置来分析故障发生的原因(数据语义故障或行为逻辑故障)。

4.5.2 隐马尔可夫模型概述

4.5.2.1 隐马尔可夫模型

隐马尔可夫模型[184, 185]是一种用参数表示的用于描述随机过程统计特性的概率模型,是一个双重随机过程,由马尔可夫链和一般随机过程这两部分组成。隐马尔可夫链由一组状态组成,每个状态都与一个概率分布相关联,状态间的转移则是通过一组叫作转移概率的概率来描述的。一般随机过程则通过状态与观察到的输出之间的关联概率分布(观察概率分布)来描述状态与观察序列间的关系。对于隐马尔可夫模型来说,仅有输出是可观察到的,而状态转换过程是不可观察的,因而被称为"隐"马尔可夫模型。

定义 4.37 一个隐马尔可夫模型是一个五元组 $\lambda = (X, O, \pi, A, B)$,其中:

(1)X 表示一组有限的状态集合, $X = \{s_1, s_2, \cdots, s_n\}$,其中 n 表示状态的个数;

(2)O 表示一组有限的输出集合, $O = \{v_1, v_2, \cdots, v_m\}$,其中 m 表示状态所输出的观察值的个数;

(3)π 表示初始状态分布, $\pi = \{\pi_i, 1 \leqslant i \leqslant n\}$, $\pi_i = P(X_1 = s_i)$,其中 X_1 表示初始状态;

(4)A 表示状态转移概率分布，$A = \{a_{ij}, 1 \leqslant i, j \leqslant n\}$，$a_{ij} = P(X_{t+1} = s_j \mid X_t = s_i)$，其中 a_{ij} 表示从第 i 个状态到第 j 个状态的转移概率，X_t 表示 t 时刻的状态，此外转移概率应该满足正态随机约束，即 $a_{ij} > 0$ 且 $\sum_{j=1}^{n} a_{ij} = 1$；

(5)B 表示观察概率分布，$B = \{b_{ik}, 1 \leqslant i \leqslant n, 1 \leqslant k \leqslant m\}$，$b_{ik} = P(O_t = v_k \mid X_t = s_i)$，其中 b_{ik} 表示第 i 个状态输出第 k 个观察值的概率，v_k 表示第 k 个观察值，O_t 表示 t 时刻输出的观察值。

此外，为了数学及计算易处理，隐马尔可夫模型做了如下假设：

(1)马尔可夫假设，假设下一个状态的发生仅依赖于当前的状态；

(2)不动性假设，假设状态转移概率独立于状态发生的时间；

(3)输出独立性假设，假设当前的输出仅与当前状态有关，统计独立于前一个输出。

4.5.2.2　Viterbi 算法

在隐马尔可夫模型当中包含 3 个基本问题：评估问题、解码问题和学习问题。评估问题用于解决当给定模型 λ 和输出观察序列 σ 时，如何计算从模型生成观察序列的概率，也就是评估模型和观察序列的匹配程度以选取最佳的匹配。解码问题用于解决当给定模型 λ 和输出观察序列 σ 时，如何求取最优的状态序列，也就是找到与观察序列最匹配的状态序列。学习问题则解决对于一个给定的输出观察序列 σ，如何调整模型 λ 的参数使得输出该观察序列的概率最大，试图通过优化模型参数来最佳地描述一个给定观察序列的得来途径。

Viterbi 算法(算法 4.2)主要是用于解决如何在给定一个 HMM 模型 $\lambda = (X, O, \pi, A, B)$ 的情况下，找出与给定观察序列 $\sigma = \{o_1, o_2, \cdots, o_T\}$ 最匹配的状态序列 q^*。

算法 4.2　$Viterbi(\lambda, \sigma)$

输入：隐马尔可夫模型 λ，观察序列 σ。

输出：最匹配的状态序列 q^*。

01：初始化

$\delta_1(s_i) = \pi_i b_i(O_1)$，$\phi_1(s_i) = 0$，$1 \leqslant i \leqslant n$；

02：循环

$\delta_t(s_j) = \max\limits_{1 \leqslant i \leqslant n} [\delta_{t-1}(s_i) a_{ij}] b_j(o_t)$，

$\phi_t(s_j) = \arg \max\limits_{1 \leqslant i \leqslant n} [\delta_{t-1}(s_i) a_{ij}]$，

$2 \leqslant t \leqslant T$，$1 \leqslant j \leqslant n$；

03：终止

$P^* = \max\limits_{1 \leqslant i \leqslant n} [\delta_T(s_i)]$，$q_T^* = \arg \max\limits_{1 \leqslant i \leqslant n} [\delta_T(s_i)]$；

04：求取最匹配的状态序列

$q_t^* = \phi_{t+1}(q_{t+1}^*)$，$t = T-1, T-2, \cdots, 1$；

时间复杂度：$O(n^2 T)$。

4.5.3　隐马尔可夫服务模型

隐马尔可夫服务模型利用服务行为描述和历史数据构建诊断模型，根据设定的权重将两种诊断信息合并。由于实际中服务行为描述具有不完备性以及历史数据中包含噪声数据，因此两种诊断信息的合并能够弥补单类信息不完备的问题，完善系统模型，提高诊断的准确性。

隐马尔可夫服务模型主要是借用隐马尔可夫模型的思想，将服务中的行为执行序列转化为行为转移概率矩阵，将服务中的消息执行序列转化为消息转移概率矩阵，以及将行为与其输出之间的依赖关系转化为观察概率矩阵。

定义 4.38　隐马尔可夫服务模型是六元组 $SHM = (B, M, \pi, BM, MM, OM)$，其中：

(1)B 表示一组行为集合，$B = \{b_1, b_2, \cdots, b_n\}$，其中 n 表示在服务中行为的个数；

(2)M 表示一组可观察到的输出的消息集合，$M = \{m_1, m_2, \cdots, m_k\}$，其

中 k 表示输出消息的个数；

(3)π 表示初始状态分布，$\pi = \{\pi_i, 1 \leqslant i \leqslant n\}$，$\pi_i = P(X_1 = b_i)$，其中 X_1 表示初始执行的行为；

(4)BM 表示行为转移矩阵，$BM = \{bp_{ij}, 1 \leqslant i, j \leqslant n\}$，$bp_{ij} = P(X_{t+1} = b_j \mid X_t = b_i)$，其中 bp_{ij} 表示从第 i 个行为到第 j 个行为的转移概率，X_t 表示 t 时刻执行的行为，且 $bp_{ij} > 0$，$\sum_{j=1}^{n} bp_{ij} = 1$；

(5)MM 表示消息转移矩阵，$MM = \{mp_{ij}, 1 \leqslant i, j \leqslant k\}$，$mp_{ij} = P(Y_{t+1} = m_j \mid Y_t = m_i)$，其中 mp_{ij} 表示从第 i 个消息到第 j 个消息的转移概率，Y_t 表示 t 时刻输出的消息，且 $mp_{ij} > 0$，$\sum_{j=1}^{k} mp_{ij} = 1$；

(6)OM 表示观察矩阵，$OM = \{op_{ij}, 1 \leqslant i \leqslant n, 1 \leqslant j \leqslant k\}$，$op_{ij} = P(Y_t = o_j \mid X_t = b_i)$，其中 op_{ij} 表示第 i 个行为输出第 j 个消息的概率，o_j 表示第 j 个消息，Y_t 表示 t 时刻输出的消息，X_t 表示 t 时刻执行的行为。

4.5.3.1 建模服务行为描述

对于 Web 服务行为描述而言，行为转移矩阵描述的是所有可能的正常的行为执行序列，类似地，消息转移矩阵描述的是所有可能的正常的消息输出序列，而观察矩阵描述的是所有执行行为与其可能的输出消息之间的正常依赖关系。由于行为描述中所有执行序列都具有相同的发生概率，所以行为描述中所有从同一行为转移的行为转移序列具有相同的转移概率，行为描述中所有从同一消息转移的消息转移序列具有相同的转移概率，而行为描述中所有从同一行为输出的观察序列也都具有相同的概率。

定义 4.39 一个行为描述的行为转移矩阵 $BM_1 = \{bp_{ij,1}, 1 \leqslant i, j \leqslant n\}$，这里：

(1)对于任意的行为 b_i 和 b_j，$1 \leqslant i, j \leqslant n$，如果在行为描述中存在 (b_i, b_j) 的行为转移序列，那么 $n(b_i, b_j) = 1$，否则 $n(b_i, b_j) = 0$；

$(2)\ bp_{ij,1} = n(b_i,b_j)/\sum_{r=1}^{n} n(b_i,b_r)$。

定义 4.40　一个行为描述的消息转移矩阵 $MM_1 = \{mp_{ij,1}, 1\leqslant i,j\leqslant k\}$，这里：

(1)对于任意的消息 m_i 和 m_j，$1\leqslant i,j\leqslant k$，如果在行为描述中存在 (m_i, m_j) 的消息转移序列，那么 $n(m_i,m_j)=1$，否则 $n(m_i,m_j)=0$；

$(2)\ mp_{ij,1} = n(m_i,m_j)/\sum_{r=1}^{k} n(m_i,m_r)$。

定义 4.41　一个行为描述的观察矩阵 $OM_1 = \{op_{ij,1}, 1\leqslant i\leqslant n, 1\leqslant j\leqslant k\}$，这里：

(1)对于任意的行为 b_i 和任意的消息 m_j，$1\leqslant j\leqslant k$，如果在行为描述中的行为 b_i 能够输出消息 m_j，那么 $n(b_i,m_j)=1$，否则 $n(b_i,m_j)=0$；

$(2)\ op_{ij,1} = n(b_i,m_j)/\sum_{r=1}^{k} n(b_i,m_r)$。

4.5.3.2　建模历史数据

对于 Web 服务的历史数据，我们做了如下假设：

(1)历史数据中记录的是正常的执行序列，或可以根据执行结果来判断执行序列的执行情况，以便于选取所有正常执行的序列进行建模；

(2)历史数据中每个执行序列都记录了执行的行为以及行为输出的消息；

(3)历史数据集合用 hd 来表示，且 $hd = \{esq_i, 1\leqslant i\leqslant l\}$，$l$ 表示数据集 hd 中执行序列的个数；

(4)历史数据集合 hd 中的每条执行序列 $esq_i = <o_1,o_2,\cdots,o_T>$，$T$ 表示该执行序列执行的行为个数，$o_t = (b_i,m_j)$ 表示执行序列中第 t 个执行的行为是 b_i 且其输出的消息是 m_j；

(5)执行序列中的每个观察值 $o_t = (b_i,m_j)$，$1\leqslant t\leqslant T$，$1\leqslant i\leqslant n$，$1\leqslant j\leqslant k$。

定义 4.42　一个历史数据集合 hd 的行为转移矩阵 $BM_2 = \{bp_{ij,2}, 1\leqslant$

$i,j \leqslant n$}，这里：

(1)对于任意的 $1 \leqslant i,j \leqslant n, n(b_i, b_j)$ 表示在数据集合 hd 中从行为 b_i 转移到行为 b_j 的个数；

(2) $bp_{ij,2} = n(b_i, b_j)/\sum_{r=1}^{n} n(b_i, b_r)$。

定义 4.43　一个历史数据集合 hd 的消息转移矩阵 $MM_2 = \{mp_{ij,2}, 1 \leqslant i,j \leqslant k\}$，这里：

(1)对于任意的 $1 \leqslant i,j \leqslant k, n(m_i, m_j)$ 表示在数据集合 hd 中从消息 m_i 转移到消息 m_j 的个数；

(2) $mp_{ij,2} = n(m_i, m_j)/\sum_{r=1}^{k} n(m_i, m_r)$。

定义 4.44　一个历史数据集合 hd 的观察矩阵 $OM_2 = \{op_{ij,2}, 1 \leqslant i \leqslant n, 1 \leqslant j \leqslant k\}$，这里：

(1)对于任意 $1 \leqslant i \leqslant n, 1 \leqslant j \leqslant k, n(b_i, m_j)$ 表示在数据集合 hd 中行为 b_i 输出消息 m_j 的个数；

(2) $op_{ij,2} = n(b_i, m_j)/\sum_{r=1}^{k} n(b_i, m_r)$。

4.5.3.3　构建服务模型

对于隐马尔可夫模型而言，它的行为转移矩阵、消息转移矩阵以及观察矩阵就是将通过行为描述和历史数据构建的两组相同的矩阵按照一定的权重合并。对于行为描述的权重 w_1 和历史数据的权重 w_2 在这里并不做具体说明，可根据实际情况确定，但是两个权重值之和必须等于 1，即 $w_1 + w_2 = 1$。如果历史数据较多，能够覆盖大部分正常执行情况，且行为描述相对完备，那么可以设置 $w_1 = w_2 = 0.5$；如果历史数据较多，而行为描述不太完备，那么可以设置 $w_1 < w_2$；再如历史数据较少，而行为描述相对完备，那么可以设置 $w_1 > w_2$。

定义 4.45　一个服务模型的行为转移矩阵 $BM = \{bp_{ij}, 1 \leqslant i,j \leqslant n\}$，这里：

(1) $bp_{ij} = w_1 bp_{ij,1} + w_2 bp_{ij,2}$;

(2) w_1 表示行为描述在模型中所占的权重，w_2 表示历史数据在模型中所占的权重。

定义 4.46 一个隐马尔可夫混合模型的消息转移矩阵 $MM = \{mp_{ij}, 1 \leqslant i, j \leqslant k\}$，这里：

(1) $mp_{ij} = w_1 mp_{ij,1} + w_2 mp_{ij,2}$;

(2) w_1 表示行为描述在模型中所占的权重，w_2 表示历史数据在模型中所占的权重。

定义 4.47 一个服务模型的观察矩阵 $OM = \{op_{ij}, 1 \leqslant i \leqslant n, 1 \leqslant j \leqslant k\}$，这里：

(1) $op_{ij} = w_1 op_{ij,1} + w_2 op_{ij,2}$;

(2) w_1 表示行为描述在模型中所占的权重，w_2 表示历史数据在模型中所占的权重。

定义 4.48 一个消息观察序列 $\sigma = \{o_1, o_2, \cdots, o_T\}$，这里：

(1) T 表示在消息观察序列 σ 中行为及其输出消息的个数；

(2) o_t 表示观察序列中第 t 个执行的行为及其输出的消息，$1 \leqslant t \leqslant T$。

这里需要说明两点：①对于服务中的并发执行序列，由于观察序列是一个顺序序列，并发执行的行为及其输出的消息也是按观察到的顺序记录的，因此在使用行为描述建模时，对于并发结构的行为不仅要考虑行为描述中定义的正常行为及消息转移序列，而且还要考虑并发执行序列间的转移情况，即对于包含 m 个执行序列的并发结构中的第 l 个执行序列中的第 i 个行为为 b_i 及其输出消息 m_i，$bp_{i\tau,1} = 1/\left(1 + \sum_{j=1}^{m} nb_j - nb_l\right)$，$mp_{i\tau,1} = 1/\left(1 + \sum_{j=1}^{m} nm_j - nm_l\right)$。这里 τ 表示第 l 个执行序列中的第 $i+1$ 个行为 b_{i+1} 或其输出消息 m_{i+1}，或表示并发结构中除第 l 个执行序列以外的其他任何一个执行序列中的任何一个行为或消息；nb_j 表示第 j 个执行序列中行为的个数；nm_j 表示第 j 个执行序列中消息的个数。②对于服务中的循环执行序列，在观察序列中则是按照执行的次数记录的，因此在诊断时只考虑一次循环。

4.5.4　差异比较诊断

4.5.4.1　消息故障分析算法

应用隐马尔可夫模型首先能够判断给定的观察序列 σ 的消息执行序列中是否存在异常的消息,即消息集中没有包含的消息或消息转移矩阵中概率小于 ε 的消息转移序列,如果存在异常消息就寻找一个与该观察序列最匹配的消息来代替异常消息,然后获得一个与观察序列最匹配的正常消息序列。这里的 ε 表示一个极小概率值。如果描述规约及历史数据中不包含噪声,那么 $\varepsilon=0$;如果描述规约及历史数据中包含噪声,那么设定 $\varepsilon_i=1/2nz_i$。这里 nz_i 表示消息转移矩阵 MM 的第 i 行元素 mp_i. 中概率不为 0 的元素个数。

在算法 4.3 中,$max(matrix(\cdot))$ 表示矩阵 $matrix$ 中满足条件的所有元素中概率值最大的元素。算法 4.3 按观察序列中从前向后的顺序依次诊断,首先判断观察序列中前一个消息转移到下一个消息在消息转移矩阵的概率是否小于 ε,如果小于 ε 则认为所转移到的消息发生异常;如果消息异常,则找出满足由行为 $\sigma(i).b$ 输出的消息且从消息 $MS(i-1)$ 出发的转移序列中转移概率最大的消息,用于替换相应的异常消息;如果未找到这样的消息,那么进一步放宽匹配条件,找到从消息 $MS(i-1)$ 出发的转移序列中转移概率最大的消息用于替换相应的异常消息。最后,当遍历完观察序列中的所有消息后,得到一个最匹配的正确转移序列 MS 和消息诊断解集合 DS_m。时间复杂度中,T 表示在消息观察序列 σ 中行为及其输出消息的个数,n 表示行为转移矩阵 BM 中行为的个数,k 表示消息转移矩阵 MM 中消息的个数。

算法 4.3　$CorrMS(SHM, \sigma)$

输入:服务模型 SHM,观察序列 σ。

输出:消息序列 MS,消息诊断解集合 DS_m。

01: MS(1) = σ(1).m;

02: if MS(1) ∉ MM

03： MS(1) = max(OM(σ(1).b, $\cdot$));

04： DS_m = DS_m$\bigcup\sigma$(1).m;

05：end if

06：for i = 2：σ.length

07： tmp_m = σ(i).m;

08： if MM(MS(i−1),tmp_m)＜ε(MS(i−1))

09： DS_m = DS_m$\bigcup\sigma$(i).m

10： tmp_m = max(OM(σ(i).b, $\cdot$) $\bigwedge$ MM(MS(i−1), $\cdot$)$\geqslant\varepsilon$(MS(i−1)));

11： if tmp_m = $\varnothing$

12： tmp_m = max(MM(MS(i−1), $\cdot$)$\geqslant\varepsilon$(MS(i−1)));

13： end if

14： end if

15：end for

16：return (MS, DS_m);

时间复杂度：O((n + 2k)T)。

4.5.4.2 行为故障分析算法

在获得与观察序列相匹配的正确消息序列 MS 之后,再应用 Viterbi 算法找出与 MS 最匹配的行为序列 BS,然后再通过比较 BS 和观察序列 σ 找出它们之间的差异,并将 σ 中与 BS 同一位置但行为与其不同的行为放入行为诊断解集合 DS_b 中。

在算法 4.4 中,$\pi(i)$ 表示行为 i 的初始概率,如果行为 i 是开始行为,那么 $\pi(i) = 1$, 否则 $\pi(i) = 0$;$max_{1\leqslant k\leqslant n}(\cdot)$ 表示给定集合 $\cdot$ 中的最大值;$argmax_{1\leqslant k\leqslant n}(\cdot)$ 表示给定集合 $\cdot$ 中有最大值的元素。算法 4.4 首先根据给定的正确消息序列 MS 计算每个行为作为开始行为的概率,再依次计算与消息序列 MS 中相应位置消息相匹配的行为执行序列的概率,选取具有最大概率值的行为作为与该位置消息相匹配的行为,并将行为序号放入 ϕ 中,然后根据整个正确行为序列带有最大概率的最后一个执行行为从后向前推出与 MS 最匹配的行为序列 BM,最后比较 BM 与给定观察序列 σ,如果 σ 中的第 i 个行为与 BM 中的第 i 个行为不同,那么认为 σ 中的第 i 个行为是故障行为,并将其放入行为诊断解集合 DS_b 中。时间复杂度中,T 表示在消息观察序列 σ 中行为及其输出消息的个数,n 表示行为转移矩阵 BM 中行为的个数。

算法 4.4 *CorrBS(SHM,σ,MS)*

输入:服务模型 SHM,观察序列 σ,正确消息序列 MS。

输出:行为诊断解集合 DS_b。

```
01:for i = 1:n
02:    δ(1,i) = π(i)OM(i,MS(1));
03:    φ(1,i) = 0;
04:end for
05:for i = 2:T
06:    for j = 1:n
07:        δ(i,j) = max₁≤k≤n(δ(i-1,k)BM(k,j)) · OM(j,MS(i));
08:        φ(i,j) = argmax₁≤k≤n(δ(i-1,k)BM(k,j));
09:    end for
10:end for
11:q*(T) = argmax₁≤k≤n(δ(T,k));
12:for i = T-1:1
13:    q*(i) = φ(i+1,q*(i+1));
14:end for
15:BS = q*;
16:for i = 1:BS.length
17:    if σ(i).b≠BS(i)
18:        DS_b = DS_b∪σ(i).b;
```

19： end if

20：end for

21：return DS_b；

通过算法 4.3 和算法 4.4,不仅能够诊断出发生故障的行为以及错误的输出,而且可以根据消息诊断解集合和行为诊断解集合分析出故障发生原因,即数据语义故障或行为逻辑故障。

4.5.4.3 算法有效性证明

定理 4.3 给定一个隐马尔可夫服务模型 $SHM = (B, M, \pi, BM, MM, OM)$ 和一个待诊断的观察序列 $\sigma = \{o_1, o_2, \cdots, o_T\}$,可知消息诊断解集合 DS_m 是 σ 中所有异常消息集合。

证明:假设所有异常消息转移的概率都远远小于 SHM 中所有正常转移概率,这里假设每个消息异常转移的概率都小于给定的极小值 ε。如果一个消息转移概率 $mp < \varepsilon$,那么 $mp \in DS\_m$,并且遍历了 σ 中的每一个消息转移,那么对于 $\forall mp \in \sigma \land mp < \varepsilon, mp \in DS\_m$;如果一个消息转移 $mp' \geqslant \varepsilon$,且 SHM 表示所有正常转移概率,那么 mp' 是一个正常的消息转移。由此可以证明,消息诊断解集合 DS_m 是 σ 中所有异常消息的集合。

定理 4.4 给定一个隐马尔可夫服务模型 $SHM = (B, M, \pi, BM, MM, OM)$ 和一个待诊断的观察序列 $\sigma = \{o_1, o_2, \cdots, o_T\}$,可知消息序列 MS 是一个正确消息序列。

证明:假设 $mt \in MS \land mt \in DS\_m$,根据定理 4.1 可知,$mt$ 是一个异常消息。假设 mt' 是 mt 在 MS 中的前一个消息,由于 mt 是一个异常消息,因此 $MM(mt', mt) < \varepsilon$。根据算法 4.4 可知,$(mt', mt) \notin MS$,假设 $mt \in MS \land mt \in DS\_m$ 不成立。所以,消息序列 MS 是一个正确消息序列。

定理 4.5 给定一个隐马尔可夫服务模型 $SHM = (B, M, \pi, BM, MM, OM)$,一个待诊断的观察序列 $\sigma = \{o_1, o_2, \cdots, o_T\}$ 和一个正确消息序列 MS,可知 DS_b 是行为诊断解集合。

证明：假设根据 MS 应用 Viterbi 算法求得的 BS 是一个与 MS 最匹配的行为序列。根据 Viterbi 算法可知，BS 是通过 MS 生成的具有最大转移概率的行为序列，BS 中的行为转移都包含在正常行为转移当中，即 $BS \subset BM$，所以 BS 是一个与 MS 最匹配的正确行为序列。如果 $\sigma(i) \neq BS(i)$，那么 $\sigma(i)$ 必然发生了异常，不符合正常的行为转移规律。根据算法 4.4 可知，$\sigma(i) \in DS\_b$，由此可以得出 DS_b 是行为诊断解集合。

4.5.5　案例研究

这里使用第 4.4.5 节中的订票代理服务来举例说明基于隐马尔可夫模型的差异比较诊断方法，为了便于分析，图 4.13 中的订票代理服务是图 4.7 的一个简化流程图。

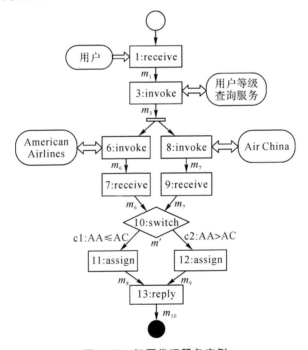

图 4.13　订票代理服务实例

首先，根据该订票代理服务的服务行为描述分别构建了服务模型 SHM 的行为转移矩阵 BM、消息转移矩阵 MM 和观察矩阵 OM，如图 4.14 所示

159

（这里只对行为描述建模，主要目的在于说明诊断的流程）。然后给定一个发生异常的观察序列 $\sigma = \{o_1(b_1, m_1), o_2(b_3, m_3), o_3(b_6, \sharp), o_4(b_7, m_6), o_5(b_8, m_7), o_6(b_9, m_7), o_7(b_{10}, m'), o_8(b_{11}, m_8), o_9(b_{13}, m_{10})\}$，如图 4.15 所示。假设 American Airlines 和 Air China 两个航空公司的 Web 服务返回给订票代理服务的价格信息有语义不兼容问题。一个中国用户想要订购一张从中国北京到美国洛杉矶的飞机票，于是他输入订票信息并向订票代理服务发送订票请求。订票代理服务根据用户信息查询两个航空公司的机票价格。American Airlines 返回的机票价格是 4151，其货币单位是美元，相当于 25620 元；而 Air China 返回的机票价格是 21620，其货币单位是元。订票代

	b_1	b_3	b_6	b_7	b_8	b_9	b_{10}	b_{11}	b_{12}	b_{13}
b_1	0	1.00	0	0	0	0	0	0	0	0
b_3	0	0	0.50	0	0.50	0	0	0	0	0
b_6	0	0	0	0.34	0.33	0.33	0	0	0	0
b_7	0	0	0	0	0.34	0.33	0.33	0	0	0
b_8	0	0	0.33	0.33	0	0.34	0	0	0	0
b_9	0	0	0.33	0.33	0	0	0.34	0	0	0
b_{10}	0	0	0	0	0	0	0	0.50	0.50	0
b_{11}	0	0	0	0	0	0	0	0	0	1.00
b_{12}	0	0	0	0	0	0	0	0	0	1.00
b_{13}	0	0	0	0	0	0	0	0	0	0

(a) 行为转移矩阵 BM

	m_1	m_3	m_6	m_7	m'	m_8	m_9	m_{10}
m_1	0	1.00	0	0	0	0	0	0
m_3	0	0	0.50	0.50	0	0	0	0
m_6	0	0	0.34	0.33	0.33	0	0	0
m_7	0	0	0.33	0.34	0.33	0	0	0
m'	0	0	0	0	0	0.50	0.50	0
m_8	0	0	0	0	0	0	0	1.00
m_9	0	0	0	0	0	0	0	1.00
m_{10}	0	0	0	0	0	0	0	0

(b) 消息转移矩阵 MM

	m_1	m_3	m_6	m_7	m'	m_8	m_9	m_{10}
b_1	1	0	0	0	0	0	0	0
b_3	0	1	0	0	0	0	0	0
b_6	0	0	1	0	0	0	0	0
b_7	0	0	1	0	0	0	0	0
b_8	0	0	0	1	0	0	0	0
b_9	0	0	0	1	0	0	0	0
b_{10}	0	0	0	0	1	0	0	0
b_{11}	0	0	0	0	0	1	0	0
b_{12}	0	0	0	0	0	0	1	0
b_{13}	0	0	0	0	0	0	0	1

(c) 观察矩阵 OM

图 4.14　订票代理服务的诊断模型

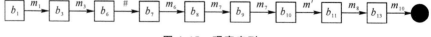

图 4.15　观察序列 σ

理服务默认货币单位是元,因此订票代理服务从 American Airlines 航空公司的 Web 服务接收了一个错误信息"♯",然而由于接收时只是将数值直接复制给消息变量 m_6,因此并没有抛出异常,当最后返回给用户的信息是 American Airlines 航空公司的机票最便宜时,用户发现异常并提示结果错误。

第一步,根据消息故障分析算法(算法 4.3)可以诊断出从消息 m_3 到消息 ♯ 的转移概率为 0,消息 ♯ 不存在于消息转移矩阵当中,因此选取一个最匹配的正常消息替代 ♯,也就是消息 m_6,最后得到正确序列 $MS = \{m_1, m_3, m_6, m_6, m_7, m_7, m', m_8, m_{10}\}$ 和消息诊断解集合 $DS\_m = \{♯\}$。

第二步,根据得到的正确消息序列 MS 和行为故障分析算法(算法 4.4),能够计算得出一个与 MS 最匹配的行为序列 $BS = \{b_1, b_3, b_6, b_7, b_8, b_9, b_{10}, b_{11}, b_{13}\}$,将 BS 与观察序列 σ 进行比较,未发现不同,因此 $DS\_b = null$。

由此可以诊断出行为 b_6 输出了错误的消息 ♯,b_6 发生了数据语义错误,至此整个诊断过程结束。

4.5.6　仿真实验

4.5.6.1　实验设置

为了评估方法的有效性,我们设置了两个评价准则:准确率和噪声率。准确率是指在所有诊断中诊断正确的次数占总诊断次数的比例;而噪声率则是指在行为描述及历史数据中包含噪声的比例。我们定义了 3 种噪声产生操作:①在工作流或执行信息中删除某个行为节点;②从工作流或执行信息中任意选择两个行为节点并交换它们的位置;③使用一个特殊标记替换工作流或执行信息中任意一个行为节点,使其成为一个未知的行为。如果随着噪声率的提高,方法的准确性没有下降或受影响很小,就认为方法的抗噪声能力强,反之则说明方法的抗噪声能力差。

此外,我们将提出的方法与两种诊断方法进行了比较。一种是 Yan 等[116]提出的基于同步自动机模型的诊断方法,该方法主要考虑进程两个相关行为间的依赖关系,并且给出了明确的诊断定义;一种是 Dai 等[62] 提出的基于错误繁殖度的诊断方法,该方法通过异常发生历史构建模糊异常矩阵,矩阵使用概率描述了异常与行为间的依赖关系,根据发生异常的观察序列计算序列中每个行为与异常的相似度,进而判断是哪个行为发生了故障。

将以上提到的 3 种诊断方法应用于 3 个真实的 BPEL 进程当中,这 3 个 BPEL 进程的部分特征被显示在表 4.3 中。对每一个进程注入 3 种故障类型:数据故障,即随机改变或删除变量输出的数值;数据类型不匹配的故障,即随机改变活动输出的变量的类型;行为逻辑故障,即随机使用一个活动代替另外一个活动。

表 4.3　诊断精确性比较

噪声率	进程 1			进程 2			进程 3		
	shm	yan	dai	shm	yan	dai	shm	yan	dai
0	0.77	0.55	0.57	0.81	0.56	0.55	0.86	0.55	0.46
10%	0.77	0.56	0.54	0.83	0.51	0.55	0.81	0.53	0.44
20%	0.75	0.51	0.49	0.82	0.49	0.50	0.79	0.54	0.44
50%	0.67	0.49	0.45	0.63	0.46	0.45	0.78	0.41	0.39

4.5.6.2　实验分析及对比

实验是通过 3 个真实的 Web 服务,且在诊断信息中包含不同噪声率的情况下,比较三种方法的诊断准确性。对每一个进程共注入 100 次故障,每次注入 2 个故障,并且在产生相应历史执行数据时给定故障行为执行失败的概率是 0.8,异常行为抛出异常的概率也是 0.8,而其他行为一直成功地执行。

表 4.3 显示了对于给定的 3 个服务进程,在不同噪声率下 3 个方法的诊断精确性。表中的 shm 表示本章所提出的基于隐马尔可夫模型的差异比较诊断方法,yan 表示 Yan 等提出的方法,dai 表示 Dai 等提出的诊断方法。

从表中可以看出,当噪声率在 20％以下时,*shm* 的诊断精确性变化是最小的,也就是 *shm* 的抗噪声能力是最强的;而当噪声率达到 50％时,3 个方法的诊断精确性都有明显的下降,这主要是由于噪声已经占据正常数据的一半,很难再将其与正常数据区分开来,因此干扰了方法的正常诊断,精确性明显下降。从表中还可以看出,*shm* 方法的诊断精确性无论在何种情况下都远远高于其他两种方法,这主要是由于 *shm* 方法在诊断时不仅考虑了 *yan* 方法中行为间的依赖关系,还考虑到整个执行序列对行为的影响,而且将行为描述与历史数据结合作为诊断信息,因此当行为描述和历史数据中包含噪声时,能够削弱噪声产生的影响。

图 4.16 是针对进程 1,在只有历史数据作为诊断信息的情况下,*shm* 方法与 *yan* 方法在不同噪声率下诊断准确性的比较。从图中可以看出,当噪声率在 20％以下时,*shm* 方法的诊断准确性远远高于 *yan* 方法,这是由于 *yan* 方法在建立诊断模型时仅考虑了前后行为之间的依赖关系,而 *shm* 方法考虑了整个执行序列之间的依赖关系,从全局出发,全面地分析行为发生故障的可能性以及发生故障的原因,因此 *shm* 方法能够获得更高的准确性。当噪声率在 50％时,诊断模型受到噪声的严重干扰,因此诊断准确性明显下降。

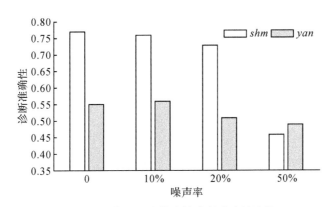

图 4.16　基于行为描述的诊断准确性比较

图 4.17 是针对进程 1,在只有行为描述作为诊断信息的情况下,*shm* 方法与 *dai* 方法在不同噪声率下诊断准确性的比较。从图中可以看出,当噪声

率在 20％以下时,shm 方法的诊断准确性远远高于 dai 的方法,这是由于 dai 方法同样仅考虑了行为与发生异常的行为之间的依赖关系,而未考虑整个执行序列与行为之间的关系,因此诊断效果不如 shm 方法好。另外,dai 的方法仅考虑了历史故障,对未知故障的诊断能力比 shm 方法要弱。同样的,当噪声率在 50％时,两个方法的诊断模型都受到噪声的严重干扰,因此诊断准确性都非常低。

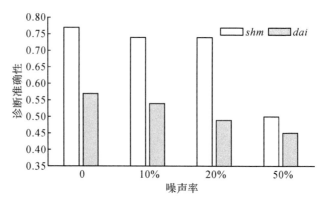

图 4.17　基于历史数据的诊断准确性比较

从上面的实验可以看出,我们所提方法在诊断的准确性和抗噪声能力方面都优于基于模型的 yan 方法和基于历史数据的 dai 方法。实验表明,差异比较诊断方法对于 Web 服务的故障诊断是非常有效的,尤其在抗噪声能力上。

4.6　基于服务执行矩阵的贝叶斯诊断方法

4.6.1　引言

当服务中组件行为数目非常大时,传统的基于模型诊断方法产生的候选诊断的数目会成指数级别增长,导致方法的诊断效率及诊断质量低下,难以广泛应用于实际当中。为了解决基于模型的 Web 服务故障诊断方法在这方面的不足,研究人员提出了很多方法去减少诊断的服务组件数目,进而提高诊断效率。一些研究人员提出了分层诊断的方法来解决基于模型诊断的计算复杂性问题[91]，然而这种方法也会受服务组件规模的影响，当组件数目增加时诊断的粒度也会相应变大，诊断的精确性和诊断时间都会受到影响。还有一些研究人员提出通过构建服务故障模型[115, 123]来提高诊断效率，这种方法在模型中描述了服务的部分已知的异常运行状态，可以有效定位这些已知的故障。然而，Web 服务运行在一个动态、多变的网络环境当中，在运行过程中服务需要动态发现并绑定外部服务，使得设计者们在设计与部署阶段无法预见所有可能的变化[60]。由于故障具有很强的不可预知性，因此很难构建一个完整的故障模型。模型的不完备性限制了此种方法的诊断能力。

虽然已经有一些研究者对服务故障诊断问题进行了细致、深入的研究，但是这些研究多采用传统的基于模型的诊断，这种方法很难通过形式化的方式来描述系统的不确定状态和行为，对于故障诊断过程中的输入、服务执行以及输出之间存在的不确定性关系不能进行处理[60]。现有的针对具有非确定性服务系统的诊断一般采用基于历史数据的概率分析方法。例如，Dai 等[62]提出了一个使用历史故障数据构建模糊异常矩阵的基于故障传播度的诊断方法，该方法利用概率描述每个行为与异常行为的关系，通过计算获得每个行为发生故障的可疑度，继而定位服务故障；Han 等[131]利用已有日志文件通过计算日志间的结构相似性来构建一个贝叶斯学习网络，然后通过计算待诊断日志与贝叶斯网络的相似度来分类日志，确定日志文件的故障类型。然而这类方法同样有它自身的缺点，即无法深入动态系统的本质解释故障发生的根本原因并对系统进行准实时诊断。

本节提出一种基于服务执行矩阵的贝叶斯诊断方法，利用历史数据对系统的不确定状态和行为建模，将概率描述信息引入基于模型的诊断，通过概率分析与多故障推理计算得出诊断结果。与传统的基于模型的诊断方法相比，该方法降低了计算复杂度，利用贝叶斯统计方法更新矩阵，使得该方法能够随着历史数据的增加不断更新诊断结果，达到准实时诊断的目的。

4.6.2　服务执行矩阵

服务执行矩阵为服务诊断提供了一种特殊的分析服务动态行为的方式,它不断从服务的执行中收集历史数据,更新诊断的信息。服务执行矩阵是由一组数字和不同行为的标记组成的,矩阵中的每一行表示一条执行轨迹,而矩阵中的前 m 列表示服务中的 m 个行为,每个行为都通过一个标记来表示该行为是否存在于执行轨迹当中,也就是在执行轨迹当中该行为是否被执行;第 $m+1$ 列表示每条执行轨迹执行失败的次数,第 $m+2$ 列表示每条执行轨迹执行成功的次数,可参见图 4.18。

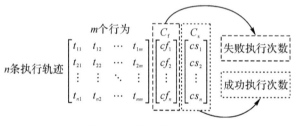

图 4.18　服务执行矩阵

定义 4.49　一个服务执行矩阵 $SEM_{n(m+2)} = [Track_{nm}, C_f, C_s]$,其中:

(1) n 表示历史数据中执行轨迹的条数;

(2) m 表示历史数据中行为的个数;

(3) $Track_{nm} = \{t_{ij} \mid 1 \leqslant i \leqslant n, 1 \leqslant j \leqslant m\}$, t_{ij} 表示行为 j 在第 i 条执行轨迹中是否被执行,如果行为 j 在第 i 条执行轨迹中被执行,那么 $t_{ij}=1$,否则 $t_{ij}=0$;

(4) $C_f = \{cf_i \mid 1 \leqslant i \leqslant n\}$, cf_i 表示第 i 条执行轨迹失败执行的次数;

(5) $C_s = \{cs_i \mid 1 \leqslant i \leqslant n\}$, cs_i 表示第 i 条执行轨迹成功执行的次数。

算法 4.5 给出了构建基本服务执行矩阵的方法,这里假设历史数据是已知的,并且数据格式规定如下:①历史数据 $HD = \{hd(i) \mid 1 \leqslant i \leqslant l\}$, l 表示 HD 中的执行路径条数;② $hd(i) = \{r, b(j) \mid 1 \leqslant j \leqslant v\}$ 表示第 i 条执行路径, r 表示第 i 条执行路径的执行结果, $r=f$ 表示第 i 条执行路径执行失败, $r=s$ 表示第 i 条执行路径执行成功, $b(j)$ 表示第 i 条执行路径中的第 j 个行为的标号, v 表示 i 条执行路径执行行为的个数。

算法 4.5　$getSEM(hd)$

输入:历史数据 hd。

输出:服务执行矩阵 SEM。

01:　m = hd 中行为个数;

02:　SEM = zero[1,m + 2];

03:　for i = 1∶hd.length

04:　　track = zero[1,m + 2];

05:　　for j = 1∶hd(i).length

06:　　　track(1,hd(i).b(j)) = 1;

07:　　end for

08:　　for k = 1∶SEM.length

09:　　　if track[1,m] = SEM[k,m]

10:　　　　if hd(i).r = f, SEM(k,m + 1) + +;

11:　　　　else SEM(k,m + 2) + +;

12:　　　　break;

13:　　　end if

14:　　end for

15:　　if k = SEM.length + 1;

16:　　　if hd(i).r = f, track(1,m + 1) = 1;

17:　　　else track(1,m + 2) = 1;

18:　　　SEM = SEM⋃track;

19:　　end if

20:　end for

21:　return SEM;

在算法 4.5 中,$zero[1,m+2]$ 表示构建一个 1 行,$m+2$ 列且值全为零的矩阵;$SEM[k,m]$ 表示 SEM 矩阵中第 k 行的前 m 个元素。

4.6.3 多故障诊断

基于服务执行矩阵的贝叶斯诊断方法利用多故障诊断推理技术,提出一种求解最小故障行为集的方法,将求得的多个最小故障行为集作为诊断候选,引入贝叶斯公式以计算每一个诊断候选的故障概率,最终选取概率最大的诊断候选作为故障集。

4.6.3.1 相关定义

1987 年,Reiter 等[176]提出了基于第一原理的多故障诊断方法,在其诊断理论中给出了一种形式化诊断方法,是一种使用深层知识的形式化诊断推理。该方法利用系统的结构和行为等信息,根据实际观测的系统行为与系统描述中应该具有的正确行为之间的不一致,来判断系统存在的故障行为。如果实际观测与系统描述相冲突,那么就说明系统遭遇了一个诊断问题,也就是说,一个或多个系统组件发生了异常;这些与系统描述相冲突的观测就是一个冲突集合。

定义 4.50 对于一个 Web 服务诊断系统 $DS = (WS, SB, Obs)$,一个冲突集 $CS = \{b_1, b_2, \cdots, b_k\}$,其中:

(1)WS 是一个服务的描述;

(2)SB 是服务的行为集合,并且 $\{b_1, b_2, \cdots, b_k\} \subseteq SB$;

(3)Obs 服务执行的观察集合;

(4) $WS \bigcup Obs \bigcup \{\neg ab(b_1), \neg ab(b_2), \cdots, \neg ab(b_k)\}$ 是不一致的,也就是说 $\{b_1, b_2, \cdots, b_k\}$ 必定包含故障行为才导致观测与系统描述冲突,$ab(b_i)$ 表示行为 b_i 是一个故障行为。

如果一个 Web 服务中包含冲突,那么需要知道冲突集中的哪些行为能够解释实际观测与系统描述之间的这个冲突,而从冲突集中找出的最小故障行为集就是一组能够解释这个冲突的行为集合,也称为诊断候选。

定义 4.51 一个 Web 服务诊断系统 $DS = (WS, SB, Obs)$ 存在一个冲

突集 CS,CS 的一个最小故障行为集是一个行为集合 $mfbs$,并且:

(1) $\forall c_i \in CS$,$c_i \bigcap mfbs \neq \varnothing$,$c_i$ 是 CS 中的一个冲突序列;

(2)当且仅当 $mfbs \subseteq mfbs'$ 时,$\forall c_i \in CS$,$mfbs' \bigcap c_i \neq \varnothing$。

从定义 4.51 可以看出,如果 $mfbs$ 是冲突集 CS 的一个最小故障行为集,那么 $mfbs$ 与 CS 中的任何冲突序列都至少存在一个相同的行为,且这些相同的行为能够解释冲突序列发生的冲突。

需要强调的是,对于一个冲突集来说,冲突集中并不一定只包含一组最小故障行为集,可能有多个最小冲突集都能用于解释该冲突的发生。

4.6.3.2 求解最小故障行为集

为了获得能够解释实际观察与服务描述不一致的最小故障行为集,我们提出了一种求解最小故障行为集的方法,该方法改进了 Abreu[186] 提出的用于求解程序故障诊断中的最小碰集的方法,使其适用于求解故障服务的最小故障行为集。

首先,定义一个相似性系数 $behSim$,该相似性系数用于表示行为与异常观测之间的相似程度。

$$behSim(i) = \frac{n_{f1}(i)}{\sqrt{(n_{f1}(i) + n_{s1}(i))(n_{f1}(i) + n_{f0}(i))}} \qquad (4.2)$$

其中,

$$n_{f1}(i) = \sum_{j=1}^{n}(SEM(j,i) \cdot SEM(j,m+1))$$

$$n_{s1}(i) = \sum_{j=1}^{n}(SEM(j,i) \cdot SEM(j,m+2))$$

$$n_{f0}(i) = \sum_{j=1}^{n}(SEM(j,m+1) \wedge (SEM(j,i) = 0))$$

这里,$n_{f1}(i)$ 表示行为 i 在失败执行中出现的次数,$n_{s1}(i)$ 表示行为 i 在成功执行中出现的次数,$n_{f0}(i)$ 表示行为 i 没有出现在失败执行中的次数。

然后,根据相似性系数排序所有行为,并从系数最大(也就是与异常观测最相关)的行为开始查找,看该行为是否能覆盖所有失败执行。如果行为能覆盖所有失败执行,则认为其是一个最小故障行为集,并将其从行为集合和失败执行中删掉。当检查完所有行为之后,如果行为集合不为空,并且不满足停止条件,那么就迭代寻找能够覆盖所有失败执行的行为组合并验证该组合是否满足最小故障行为集定义。如果该组合是一个最小故障行为集,那么就将该组合放入解集当中,直到行为集合为空或满足停止条件。求解最小行为故障集的具体方法见算法 4.6。

算法 4.6 $get\_mfbs(SEM, l, s)$

输入:服务执行矩阵 SEM,最小故障行为集个数 l,搜索停止标准 s。

输出:最小故障行为集集合 $Mset$。

01: m = SEM(1).length - 2;

02: $cf = \sum_{i=1}^{n} SEM(i, m+1);$

03: rb = rank(behSim, SEM, m);

04: Mset = $\varnothing$; sp = 0;

05: for i = 1:m

06:     if $n_{f1}(i)$ = cf

07:         Mset = Mset $\bigcup$ {i}; sp = sp + 1/m;

08:         dm = delete(SEM, i); rb = delete(rb, i);

09:     end if

10: end for

11: while rb $\neq \varnothing \wedge$ Mset.length $\leqslant l \wedge$ sp $\leqslant$ s

12:     b = rb(1); rb = delete(rb, 1);

13:     dm′ = delete(dm, j); sp = sp + 1/m;

14:     Mset′ = get_mfbs(dm′, l, s);

15:     while Mset′ $\neq \varnothing$

16:         diag = Mset′(1);

17:         Mset′ = delete(Mset′, 1);

18:         diag = diag $\bigcup$ {b};

19：　　　if subset(Mset,diag) = false

20：　　　　Mset = Mset⋃diag;

21：　　　end if

22：　　end while

23：end while

24：return Mset;

在算法 4.6 中,m 表示 SEM 中的行为个数;cf 表示 SEM 中失败执行的次数总和;$rank(behSim,SEM,m)$ 表示根据式 4.2 计算 SEM 中 m 个行为的相似性系数并从大到小排序行为,返回一个行为序列;$delete(SEM,i)$ 表示一个新的服务行为矩阵,该矩阵不包含 SEM 中的第 i 列;$delete(rb,i)$ 表示将 rb 中的第 i 个元素删除,并返回删除第 i 个元素后的数组; $delete(dm,j)$ 表示将 dm 中的第 j 列元素删除,并返回删除第 j 列元素后的矩阵;$delete(Mset',1)$ 表示将 $Mset'$ 中的第 1 个子集删除,并返回删除第 1 个子集后的集合;$subset(Mset,diag)$ 用于检查 $diag$ 是否包含 $Mset$ 中任何一个子集,如果 $diag$ 包含 $Mset$ 中任何一个子集,那么返回 $true$,否则返回 $false$,该函数用来验证获得的集合是否是一个最小故障行为集。

4.6.3.3　贝叶斯诊断

在获得最小故障行为集集合 $Mset = \{mfbs_i \mid 1 \leqslant i \leqslant w\}$ 后,还需要计算这些最小故障行为集可能是故障的概率,这里 w 表示集合中最小故障行为集的个数。首先假设行为发生故障的可能都是独立于其他行为的,然后应用贝叶斯概率计算公式计算 $Mset$ 中每个最小故障行为集对于 SEM 中的每个执行序列的后验故障概率,计算公式如下:

$$fP(mfbs_i \mid SEM(j)) = \frac{fP(SEM(j) \mid mfbs_i)}{fP(SEM(j))} fP(mfbs_i) \quad (4.3)$$

其中,

$$fP(SEM(j) \mid mfbs_i) = succ(mfbs_i)^{cs_j}(1 - succ(mfbs_i))^{cf_j}$$

这里,$succ(mfbs_i)$ 表示在所有最小故障行为集 $mfbs_i$ 中的行为成功执

行的概率,即:

$$succ(mfbs_i) = \frac{n_{s1}(mfbs_i)}{n_{s1}(mfbs_i) + n_{f1}(mfbs_i)}$$

并且

$$n_{s1}(mfbs_i) = \sum_{j=1}^{n} (cs_j \wedge (\exists t_{jk} \in mfbs_i \wedge t_{jk} = 1))$$

$$n_{f1}(mfbs_i) = \sum_{j=1}^{n} (cf_j \wedge (\exists t_{jk} \in mfbs_i \wedge t_{jk} = 1))$$

对于式 4.3 中的 $mfbs_i$ 的先验故障概率 $fP(mfbs_i)$,设定为 0.01。如果 $mfbs_i$ 中包含 k 个行为,那么,$mfbs_i$ 的先验概率为

$$fP(mfbs_i) = (0.01)^k (1 - 0.01)^{m-k}$$

当每次计算得出一个在给定执行序列下的 $mfbs_i$ 的后验概率,都将其作为下一次计算的先验概率。当所有执行序列都被考虑后,$mfbs_i$ 的最终后验概率也为

$$fP(mfbs_i \mid SEM) = \prod_{j=1}^{n} \frac{fP(SEM(j) \mid mfbs_i)}{fP(SEM(j))} \cdot fP(mfbs_i) \quad (4.4)$$

这里,对于 SEM 中的所有执行序列,它们的概率都是相同的,因此可以使用一个变量 α 来代替所有的 $fP(SEM(j))$,式 4.4 可以简化为:

$$fP(mfbs_i \mid SEM) = \prod_{j=1}^{n} fP(SEM(j) \mid mfbs_i) \frac{fP(mfbs_i)}{\alpha^n}$$

又因为所有最小故障行为集的故障概率之和为 1,即:

$$\sum_{i=1}^{w} fP(mfbs_i \mid SEM) = 1$$

所以

$$\alpha = \sqrt[n]{\sum_{i=1}^{w} (\prod_{j=1}^{n} fP(SEM(j) \mid mfbs_i) fP(mfbs_i))}$$

至此已经求得 $Mset$ 中的所有最小故障行为集的故障概率。对这些概率排序,就能够得到一个具有多个故障行为的诊断解。整个服务故障诊断过程被描述在算法 4.7 当中。

算法 4.7　*semDiag(HD)*

输入:历史数据 HD。

输出:诊断解 d。

```
01: SEM = convert(HD);
02: Mset = get_mfbs(SEM,l,s);
03: mid = 0; mv = 0;
04: for i = 1:Mset.length
05:    p(i) = fP(Mset(i),SEM);
06:    if mv<p(i)
07:       mv = p(i);
08:       mid = i;
09:    end if
10: end for
11: d = Mset(mid);
12: return d;
```

在算法 4.7 中,*convert(HD)* 表示将历史数据 HD 转换为诊断服务所需要的服务执行矩阵;$p(i) = fP(Mset(i),SEM)$ 表示将使用式 4.4 计算得到的 $Mset$ 中的第 i 个最小故障行为集的故障概率赋予 $p(i)$;mv 和 mid 用于记录最大概率和拥有最大故障概率的最小故障行为集编号。

4.6.4　案例研究

这里我们简化了第 4.4.5 节中的订票代理服务执行过程,并以图 4.19 为例说明基于服务执行矩阵的贝叶斯诊断方法的整个诊断过程。

假定行为 b_1 和 b_{11} 发生了故障,且这两个行为失败执行的概率都是 0.85,然后依据给定的故障概率生成 30 条执行序列,并将其转化为服务执行矩阵,如表 4.4 所示。

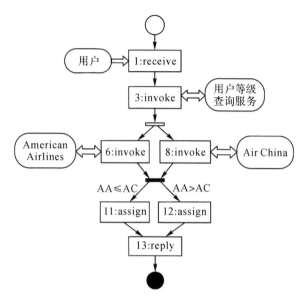

图 4.19 订票代理服务实例

表 4.4 订票代理服务的服务执行矩阵

序列	b_1	b_3	b_6	b_8	b_{11}	b_{12}	b_{13}	cf	cs
1	0	1	1	1	0	1	1	0	5
2	1	0	0	0	0	0	1	10	0
3	1	0	0	0	1	0	1	5	0
4	0	1	0	0	1	0	0	10	0

  根据得到的服务执行矩阵,通过算法 4.6 一共可以得到 3 个最小故障行为集,$Mset = \{\{1,11\},\{3,13\},\{11,13\}\}$。然后根据式 4.4 分别计算这 3 个最小故障行为集的故障概率,最后得到如下结果:$\alpha = 0.00094$;$fP(\{1,11\} \mid SEM) = 0.999974$;$fP(\{3,13\} \mid SEM) = 0.000013$;$fP(\{11,13\} \mid SEM) = 0.000013$。

  根据计算结果可以看出,最小故障行为集 $\{1,11\}$ 是诊断解。这个案例说明我们提出的诊断方法对于故障服务的诊断是有效的。

4.6.5　仿真实验

4.6.5.1　实验设置

为了评估基于服务执行矩阵的贝叶斯诊断方法的诊断准确性,在本章的实验中,共产生两组实验数据,每组包含 100 个 Web 服务,第一组中的每个 Web 服务都包含 10 个行为节点,而第二组中的每个 Web 服务都包含 20 个行为节点。

对于这两组数据中的每一个 Web 服务,分别随机选择 1 个、2 个和 5 个行为作为故障行为,设置这些故障行为的失败执行概率为 0.8,并根据这 3 组故障行为分别为每个 Web 服务生成 10 组分别包含 10,20,…,100 条执行路径的历史数据。

4.6.5.2　实验分析

在图 4.20 中,通过第一组实验数据比较了不同数量的历史数据信息对包含不同故障行为个数的服务的诊断准确率的影响。图中的 $fn=1$ 表示服务中的故障行为个数是 1,$fn=2$ 表示服务中的故障行为个数是 2,$fn=5$ 表示服务中的故障行为个数是 5。从图中可以看出,本章诊断方法的诊断准确率为 62%～83%,即使在服务中包含多个故障行为时,也能准确地诊断出故

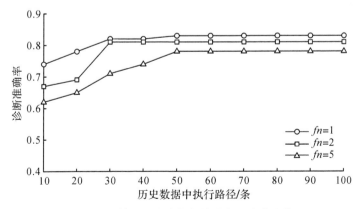

图 4.20　第一组实验数据的诊断准确率比较

障发生位置。从图 4.20 中还可以看出,所提方法的诊断准确率会随着历史数据中执行路径条数的增加而不断提高,直至到达一个稳定状态。这主要是由于历史数据中执行路径条数的增加意味着在数据中有助于所提出的方法做出诊断的信息越多,历史数据所覆盖的诊断信息也就越完备。但当历史数据中的执行路径条数达到 50 时,诊断的准确率并未随着执行路径条数的增加而增加,这是由于历史数据已经覆盖了较完备的诊断信息,此时增加的执行路径都是之前信息的重复,因此并不对诊断结果有影响。

在图 4.21 中,通过第二组实验数据比较了不同数量的历史数据信息对包含不同故障行为个数的服务的诊断准确率的影响。从图中可以看出与图 4.20 一样的变化规律,所提出的方法的诊断准确率会随着历史数据中执行路径条数的增加而不断提高,当历史数据中执行路径到达一定数量后,诊断准确率也会趋于稳定。然而,与第一组实验数据不同的是,第二组实验数据需要更多的历史数据才能使准确率趋于稳定,也就是说,当历史数据中执行路径条数为 80 时,准确率才保持不变。这主要是因为第二组实验数据中每个 Web 服务中的行为个数要比第一组实验数据的行为个数多,因此也就有更多不同的执行可能,也就需要更多的历史数据才能覆盖所有的执行情况。

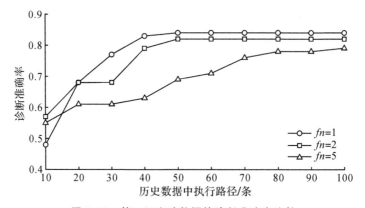

图 4.21　第二组实验数据的诊断准确率比较

从实验中可以看出,基于服务执行矩阵的贝叶斯诊断方法对于包含不同故障行为个数的 Web 服务都能做出有效的诊断,并且该方法会随着诊断信息的增加而不断地优化诊断结果。

第5章　云计算环境中的服务故障处理

5.1　引言

　　云计算平台(云平台)作为目前最受欢迎的托管平台,它允许人们通过 Internet 以一种按需付费的方式传递其所需要的计算资源。正如计算系统中的物理或虚拟组件一样,计算资源可以通过不同的模型或抽象层以服务的形式在云平台上传递[187]。基于不同的服务类型,美国国家标准及技术协会(National Institute of Standards and Technology,NIST)已经提出了 3 种主要的云计算服务模型[188, 189]。云堆栈的最底层是基础设施即服务(Infrastructure as a Service,IaaS),它用于提供部署应用的分布式物理基础设施,例如 CPU(Central Processing Unit,中央处理器)、内存或数据存储设备。构建在 IaaS 层上的是平台即服务(Platform as a Service,PaaS),PaaS 可以提供适于发展和部署复杂服务的系统平台。云堆栈的最顶层是软件即服务(SaaS),SaaS 以一种分布式的方式提供给终端用户其所需的应用。伴随着当前 SaaS 和 SOA 的迅速发展,云应用可由现存的 Web 服务组合而成,这些服务不是由遵循 SaaS 商业模式的第三方提供,就是由公共领域的应用开发者提供。这种重用模式使得面向服务的云应用能够带来较高的构建灵活度、适应性,再利用的便捷性,以及成本的降低。2011 年研究公司 TeleGeograpgy 的数据显示,未来对于云服务的需求将以每年 60%～70%的增长率增长,并且需求的增长也使得云服务提供商的数量和类型在不断增加[190]。

在云计算平台中,以云服务作为基础构件块能够提高云应用的构建速度,降低成本,提供安全可靠的应用[191, 192]。面向服务的应用正在逐渐将云基础设施发展为一个重要的服务,将基础设施在云平台上传递,使云基础设施不仅仅提供计算和存储能力。当使用 Web 服务作为软件开发技术时,使用者可以通过云服务提供商调用服务接口以获取资源,小到终端用户可以在云平台上应用企业外包的成熟应用编辑自己的文档,大到外部的存储、数据处理服务,甚至可以在没有专业知识、技能和基础设备的情况下按使用者需求响应变化。云计算的确提供了大量服务资源的可扩展应用,这些服务资源在大规模分布式系统中通过网络被传递给了外部用户[193]。伴随着各类提供商不断提供或大或小的云服务,云使用者仅需按需购买其所需资源和服务,在无需额外空闲硬件的条件下也能保证故障组件的可获取[194]。

这种组合式的云服务不同于传统 Web 服务。随着云计算环境下的软件虚拟化,云服务已经不再以数据服务为主要目标,它们被当成组件,通过信息交互松散配偶和一个可执行工程组装。所以,云服务不仅用于传递数据,也用于完成现实世界的工作流,如电子商务和科学研究[194, 195]。通常,我们假设每一个云平台下的服务在被部署到云平台之前都已经被测试过,没有故障发生。然而,在存在各类服务提供商的多租户资源分享平台中,我们不能再假设服务和服务交互是完全可信的。组合云应用的可靠性本质上取决于在服务间的动态交互而不是单个服务的质量。由于应用的高组合率这一性质,软件错误、恶意服务和无效的输入很可能会发生。特别是当长期运行、计算密集型的工作流在云平台下被定制和执行时,失败的发生很可能导致 CPU 资源的浪费、整个工作流的放弃,甚至导致执行系统的不稳定。

事实上,在可以定位故障组件的情况下,许多故障能够通过使用一个功能相同的服务替换失败的组件来修复[196]。一个典型的例子就是服务完整性检查。完整性检查用于验证数据处理结果的完整性并指出恶意服务提供商[195]。沿着这个思路,我们的工作主要聚焦于轻量级的故障处理需求,将长期运行的计算密集型应用服务迁移到共享的开放云架构中,并提出了一个基于服务依赖图的统计诊断方法,用于诊断云服务故障。

5.2　开放共享的云架构

为了从云计算中获利,商业业主和企业将大部分或所有的应用外包至在线服务。这些应用服务强调特定集成技术、虚拟化管理和资源分布化的需求。一个共享的开放云架构允许供应商或开发者构建他们的云应用,发现匹配他们需求的云服务,在需要时组合服务,并能够通过外包服务监控应用的执行过程[197]。

图 5.1 是我们提出的一个用于执行虚拟化应用服务操作环境的软件架构。在这一架构中,虚拟化管理被抽象出来,使得底层的物力资源与系统层的虚拟化节点相分离,用户可以在一个定制的网络环境中获取云资源。当终端用户通过应用接口将他们的服务请求发送到服务处理器时,在商务层,

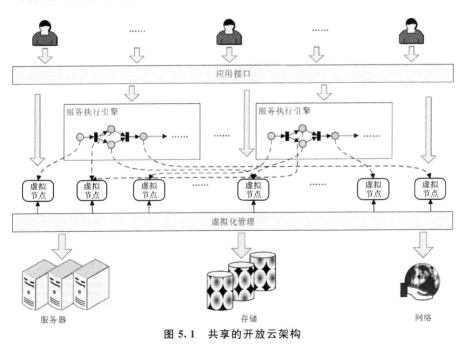

图 5.1　共享的开放云架构

服务处理器在云端搜寻 Web 服务的虚拟节点,选取在功能和质量上最能够满足用户需求和接口调用要求的节点,并且合成一个组合服务应用,通过服务执行引擎执行。

5.3 云服务诊断架构

本章聚焦于运行在云计算平台下、长期运行或计算密集型的应用服务的故障诊断。由于云应用较高的组合本质,软件错误、恶意服务和无效的输入很可能会发生,因此我们提出如图 5.2 所示的自动化云服务诊断架构。该框架能够提供更多有效的修复策略,能够快速、精确地分析和定位故障节点。

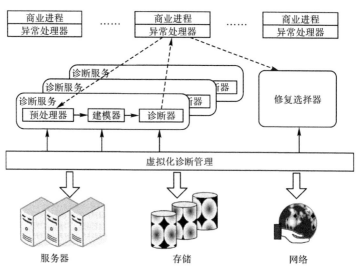

图 5.2　云服务诊断架构

这里我们做了一个假设,假设云组合服务的 BPEL 进程是已知的,并且该进程的执行数据被保存在服务执行日志当中。日志格式要求如下:

(1)服务执行日志形式化地表示为 $SEL = \{sel_1, sel_2, \cdots, sel_m\}$,日志由 m 条记录组成,每条记录 $sel_i(1 \leqslant i \leqslant m)$ 用于描述组合服务进程的一次执行路径;

(2)每条记录行形式化地表示为 $sel_i = \{service_1, service_2, \cdots, service_r, result\}$，每条记录有 r 个服务组件和一个执行结果组成，执行结果用于描述此次执行是否成功，成功用 succ 表示，失败用 fail 表示；

(3)每个服务组件形式化地表示为 $service(sv.in, sv, sv.out)$，$sv$ 表示一个服务组件本身，$sv.in$ 表示 sv 的输入，$sv.out$ 表示 sv 的输出。

基于上面的假设，我们提出图 5.2 的云服务诊断架构。我们的诊断架构主要包括以下几部分。

(1)商务进程：一个存在异常的组合服务进程，在进程运行期间抛出了异常警告。

(2)异常处理器：负责捕捉抛出的异常，收集或生成服务执行日志，选择并调用适当的诊断服务。根据诊断服务的诊断结果，异常处理器从修复选择器中获取相对应的修复策略，使得商务进程从故障影响中恢复正常。如果故障节点调用了其他的服务进程，那么该异常处理器还负责触发相对应的服务进程的异常处理器处理该异常。

(3)修复选择器：用于存储诊断策略，根据异常处理器的请求提供恰当的修复策略。它主要由以下 3 种策略组成：①重试。该策略主要用于再次运行发生故障的行为。每次重试时发生故障的行为最多执行 3 次，若 3 次都未成功，则认为修复失败。②替换。该策略主要是使用一个与故障服务具有相同功能的新服务代替故障服务节点来修复故障。③跳过。该策略通过跳过故障节点，运行进程的下一个节点来避免故障发生。

(4)预处理器：当预处理器从异常处理器处接收到诊断请求时，它首先从异常处理器中获取相对应的进程信息，如 BPEL 文件、服务执行日志；然后分别将获取到的信息转换成服务依赖图和测试用例，用于分析服务依赖关系。

(5)建模器：负责应用相似度系数来度量服务节点与进程故障之间的依赖相似度。

(6)诊断器：应用一个内嵌的模型，使用从建模器处获得的服务节点的依赖相似度来计算并分配一个故障可疑度分数给进程中的每一个服务节点,通过将分数从高到低排序的方式找出前 k 个可疑的服务节点来定位故障。此外,诊断器还会发送诊断结果给异常处理器,以便异常处理器修复故障。

通过图 5.3,我们描述了所提出的诊断架构中服务组件的信息交换过程。假设一个 BPEL 进程抛出一个异常,且异常处理器捕捉到了该异常。异常处理器首先收集该进程用于故障诊断的进程信息,然后从云诊断平台中选择一个诊断服务并给该诊断服务发送一个诊断请求。当诊断服务的预处理器接收到诊断请求后,预处理器将进程信息转换成形式化的建模信息,并将转换后的信息发送给建模器。建模器应用接收到的信息构建该进程的诊断模型,然后将构建好的诊断模型发送给诊断器。诊断器接收到诊断模型后,应用适当的诊断算法诊断故障并将诊断结果返回给异常处理器。异常处理器则将诊断结果和修复请求发送给修复选择器。修复选择器根据故障类型从策略数据库中选取合适的修复策略返回给异常处理器并将之用于修复进程故障。

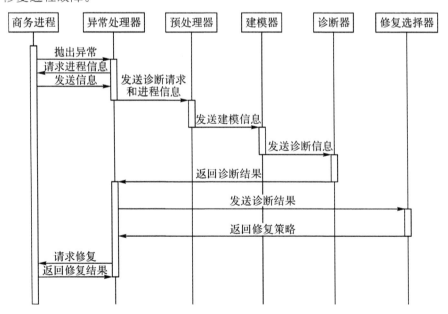

图 5.3　服务组件间的信息交换过程

在所提出的诊断架构和诊断方法中,我们考虑的主要情况包括如下几方面。

(1)为了使诊断资源在网络上可被共享与重用,诊断架构中的预处理器、建模器和诊断器被从诊断服务中解耦出来。例如,如果一个故障服务进程是通过一种特定语言定义的,那么可以从云诊断平台中找到一个相对应的预处理器服务或定制一个可读取该语言并能将它转换成所需信息格式的预处理服务。同时,仍然使用所提出的架构中的建模器和诊断器完成诊断任务。此外,异常处理器也可根据故障或异常的类型选择具有与该类型故障相对应的诊断机制的诊断服务进行故障诊断。

(2)服务依赖图主要用于从进程规约中抽取进程节点间的数据依赖关系和控制依赖关系。应用该方法可以使进程节点间复杂的、不清晰的依赖关系变得清晰,便于故障的诊断。

(3)由于云环境的复杂性,所提的诊断模型无法考虑到所有故障类型。然而,在进程执行期间,服务执行日志能够被自动化地生成,并且在网络上是可获取的。这些执行日志中包含了服务进程所有的正常执行记录和异常执行记录,因此我们采用服务执行日志作为测试用例,以便能够进行故障的自动诊断。此外,随着进程的不断执行,可以获取到越来越多的诊断信息,这有利于诊断准确性的提高。当可获取的诊断信息量过少时,可以使用异常处理器从云诊断平台中选择合适的诊断服务来进行诊断。

(4)在所提出的诊断模型中,当确定计算得出的最可疑节点并不是故障时,通过服务进程中前 k 个可疑节点,我们可以尽可能地减少再次定位故障的时间,仅需要检查下一个可疑节点是否是故障即可。根据给定的前 k 个可疑节点,所提方法也可诊断包含多个故障的服务进程。

(5)在程序故障诊断研究中,通过假设存在一个可识别故障状态的完备程序模型,研究者可以诊断任何程序故障类型。然而,这样的假设对于云应用当中的服务进程是不现实的。这是因为一个云服务的可靠性不仅仅依赖于云应用自身,很大程度上也取决于它所部署的物理位置以及不可预测的网络状态。我们所提出的方法聚焦于诊断云服务自身的故障,如商务逻辑故障、数据语义故障。对于云应用来说,这些故障类型是最难定位的,但也是最关键的。

5.4 服务依赖图

传统的基于模型的 Web 服务故障诊断方法大多假设组合的服务流程是可以被正确定义的,系统模型是完备的,诊断推理需要考虑所有可能的系统执行路径,通过观测与模型差异找出故障,所以诊断复杂性较高。然而实际应用的系统模型往往并不完备,缺少对系统中部分状态和行为的定义。例如,Ardissono[61, 118, 119, 121] 所提出的方法在系统模型中仅定义了单个行为与其输入输出之间的依赖关系,而没有考虑行为间的依赖关系;而 Yan[116] 的方法在模型中仅定义了系统与外部服务交互的基本行为而没有定义系统内部的基本行为 (assign/empty/wait/throw),并且没有明确地定义出变量类型之间与变量值之间的依赖关系。在实际的云服务应用系统中,流程定义内容不一定完整,服务之间也不一定完全兼容,从而导致流程中所定义的组合过程不正确[78],系统发生业务流程故障。另外,云服务应用系统是增量式开发的,测试通过的服务实际上也不能保证其完全正确,潜在的故障有可能在传播到"很远的"新增加的服务时发生。这使得云服务系统模型的正确性和完整性无法得到保证,从而无法保证诊断方法获得正确的诊断结果。

针对这一问题,我们提出一种轻量型的基于服务依赖图的统计诊断方法。通过分析服务系统的 BPEL 构建描述服务行为间依赖关系的服务依赖图模型,利用系统历史运行数据计算行为依赖关系与失败执行间的相似性,最后通过得到的相似性系数计算在实际中服务行为不满足用户需求的故障可能性。通过分别计算每个行为的控制依赖、并发依赖和数据依赖的可疑度,所提出的方法能够区分故障类型,解释故障发生的原因。

服务依赖图主要用于构建服务中的行为依赖关系,将服务行为从复杂的描述中抽象出来,便于行为状态的分析与预测。为了便于服务故障的诊断,在行为之间的各种依赖关系都应该通过服务依赖图表示出来。传统的应用于程序故障诊断中的语句间依赖关系主要有数据依赖和控制依赖两种[198,199]。由于 Web 服务具有并发性和异步性,因此 Web 服务行为除了具有数据依赖和控制依赖这两种依赖关系以外,还具有两种 Web 服务特有的依赖关系[200,201],即异步数据依赖和并发控制依赖。

定义 5.1　如果每条从行为 b 到结束行为的有向路径中都包含行为 b',则称行为 b 被行为 b' 后继支配。

定义 5.2　行为 b_2 控制依赖于行为 b_1,当且仅当:

(1) 存在一条从 b_1 到 b_2 的有向路径 p,对于 p 中任何一个不同于行为 b_1 和 b_2 的行为 b',b_2 都后继支配于 b';

(2)行为 b_1 不被行为 b_2 后继支配。

定义 5.3　行为 b_2 数据依赖于行为 b_1,当且仅当:

(1)行为 b_1 定义了一个变量 v;

(2)存在一条从行为 b_1 到行为 b_2 的有向路径 p,p 中任何一个不同于行为 b_1 的行为 b' 都没有对变量 v 重新定义;

(3)行为 b_2 使用了变量 v。

行为控制依赖与程序故障诊断中的控制依赖类似,都是描述所执行元素间的顺序依赖关系。行为数据依赖则与程序故障诊断中的数据依赖类似,都是描述执行元素间输入、输出数据的依赖关系。异步数据依赖发生在一个异步单向调用操作和其相对应的接收操作之间,该接收操作通过异步通信机制接收单向调用操作的响应,这种依赖关系有一个异步特征。并发控制依赖发生在并发结构当中,结构中的行为都是并发执行的。

定义 5.4　行为 b_2 异步数据依赖于行为 b_1,当且仅当:

(1)行为 b_1 是一个单向调用行为;

(2)行为 b_2 是用于接收行为 b_1 响应的接收行为;

(3)行为 b_1 使用了行为 b_2 定义的变量。

定义 5.5　行为 $b_1,b_2,\cdots,b_n$ 并发控制依赖于 b',当且仅当:

(1)对于行为 $b_1,b_2,\cdots,b_n$ 中的每一个行为 $b_i(1\leqslant i\leqslant n)$ 都控制依赖于行为 b';

(2)如果存在一条从 b' 到结束行为的有向路径 p,那么对于任意的一个行为 $b_i \in \{b_1, b_2, \cdots, b_n\}$,都有 $b_i \in p$。

传统的控制流图主要用于描述控制依赖,并帮助我们分析元素间的控制依赖关系。为了能够分析以上提到的两种控制依赖关系,我们扩展了传统的控制流图,将并发控制依赖加入控制流图当中,构建用于分析 Web 服务中控制依赖关系的服务控制流图,具体参见定义 5.6。

定义 5.6 一个 Web 服务 WS 的服务控制流图是一个四元组 $SCFG = (N, E, Ec, Econ)$,其中:

(1)N 是 WS 的行为节点集合;

(2)E 表示 WS 中的控制流有向边集合,对于两个行为节点 $n_i \in WS$ 和 $n_j \in WS$,如果 $(n_i, n_j) \in E$,那么表示控制流流向是从 n_i 到 n_j;

(3)Ec 表示 WS 中描述行为节点间的控制依赖的有向边集合,对于两个行为节点 $n_i \in WS$ 和 $n_j \in WS$,如果 $(n_i, n_j) \in Ec$,那么 n_j 控制依赖于 n_i,并且 $Ec(n_i, n_j).cnd$ 表示边 (n_i, n_j) 的权重;

(4)$Econ$ 表示 WS 中的描述行为节点间的并发控制依赖的有向边集合,如果 $(n_i, n_j) \in Econ$,那么 n_j 并发控制依赖于 n_i;

(5)$Ec \subset E$ 并且 $Econ \subset E$。

图 5.4 是第 4.4.5 节案例研究里给出的订票代理服务实例的服务控制流图,图中的圆圈表示行为节点,圆圈中的数字与图 4.7 中活动的标号相一致,如行为节点 n_1 表示的是图 4.7 中的 receive 行为 t_1,细实线箭头表示行为间的控制流流向,双线空心箭头表示并发控制依赖,黑色粗线箭头则表示控制依赖。从图 5.4 可以看出,行为节点 n_6 和 n_8 都并发控制依赖于行为 flow 的行为节点 n_5,即有向边 $(n_5, n_6) \in Econ$ 并且 $(n_5, n_8) \in Econ$。而行为节点 n_{11} 和 n_{12} 都控制依赖于行为 switch 的行为节点 n_{10}。当节点 n_{10} 的条件满足 $cnd = t$ 时,即 American Airlines 机票价格小于等于 Air China 的机票价格时,执行路径从 n_{10} 到 n_{11};当 $cnd = f$ 时,执行路径从 n_{10} 到 n_{12},即有向边 $(n_{10}, n_{11}) \in Ec$,$(n_{10}, n_{12}) \in Ec$,$Ec(n_{10}, n_{11}).cnd = t$ 且 $Ec(n_{10}, n_{11}).cnd = f$。

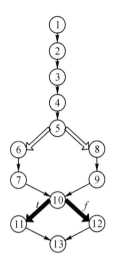

图 5.4　订票代理服务的服务控制流图

与控制流图类似,传统的数据流图主要用于描述元素间的数据依赖关系,以帮助我们分析元素输入输出间的依赖关系。为了能够分析上面提到的两种数据依赖关系,我们扩展了传统的数据流图,将异步数据依赖加入数据流图当中,构建用于分析 Web 服务中的数据依赖关系的服务数据流图,具体参见定义 5.7。

定义 5.7　一个 Web 服务 WS 的服务数据流图是一个二元组 $SDFG = (N, Ed)$,其中:

(1)N 是 WS 的行为节点集合;

(2)Ed 表示 WS 中描述行为节点间的数据依赖或异步数据依赖的有向边集合,对于两个行为节点 $n_i \in WS$ 和 $n_j \in WS$,如果 $(n_i, n_j) \in E$,那么 n_j 数据依赖或异步数据依赖于 n_i。

图 5.5 是订票代理服务实例的服务数据流图,图中的圆圈表示行为节点,圆圈中的数字与图 4.7 中活动的标号相一致,虚线箭头表示行为间的数据依赖。从图 5.5 可以看出,行为节点 n_6 和 n_8 都数据依赖于行为节点 n_4,即有向边 $(n_4, n_6) \in Ed$ 并且 $(n_4, n_8) \in Ed$;由于行为 t_6 和 t_8 是异步调用行为,而 t_7 和 t_9 是分别与两个异步调用行为相对应的接收行为,因此行为节点 n_7 异步数据依赖于 n_6,n_9 异步数据依赖于 n_8,即 $(n_6, n_7) \in Ed$ 并且 $(n_8, n_9) \in Ed$。

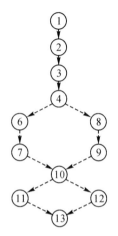

图 5.5　订票代理服务的服务数据流图

为了表示上述 4 种行为间的依赖关系,我们将服务控制流图与服务数据流图合并构成服务依赖图。一个 Web 服务的服务依赖图的构建主要包括 4 个步骤:①通过服务描述规约,如 BPEL 生成行为节点;②根据定义生成服务控制依赖图和服务数据依赖图;③根据服务控制流图,使用单向带箭头的实线连接两个具有控制依赖关系或并发控制依赖关系的行为节点;④根据服务数据流图,使用单向带箭头的虚线连接两个具有数据依赖关系或异步数据依赖关系的行为节点。至此,服务依赖图构建完成。

定义 5.8　一个 Web 服务 WS 的服务依赖图是一个四元组 $SDG = (N, Ec, Econ, Ed)$,其中:

(1) N 是 WS 的行为节点集合;

(2) Ec 表示 WS 中描述行为节点间的控制依赖的有向边集合,对于两个行为节点 $n_i \in WS$ 和 $n_j \in WS$,如果 $(n_i, n_j) \in Ec$,那么 n_j 控制依赖于 n_i,并且 $Ec(n_i, n_j).cnd$ 表示边 (n_i, n_j) 的权重;

(3) $Econ$ 表示 WS 中的描述行为节点间的并发控制依赖的有向边集合,如果 $(n_i, n_j) \in Econ$,那么 n_j 并发控制依赖于 n_i;

(4) Ed 表示 WS 中描述行为节点间的数据依赖或异步数据依赖的有向边集合,对于两个行为节点 $n_i \in WS$ 和 $n_j \in WS$,如果 $(n_i, n_j) \in E$,那么 n_j 数据依赖或异步数据依赖于 n_i。

图 5.6 是订票代理服务的服务依赖图,图中的圆圈表示行为节点,圆圈中的数字与图 4.7 中活动的标号相一致,虚线箭头表示行为间的数据依赖,双线空心箭头表示并发控制依赖,黑色粗线箭头则表示控制依赖。从图中可以看出,节点 n_6 和 n_8 并发控制依赖于节点 n_5,并且节点 n_6 和 n_8 还数据依赖于节点 n_4;节点 n_{11} 和 n_{12} 与节点 n_{10} 之间不仅具有控制依赖关系,而且还具有数据依赖关系。从该例子中可以看出,服务依赖图简单、清晰地表达了行为之间的各种依赖关系,因此,我们可以利用服务依赖图来方便地分析行为与故障间的关系。

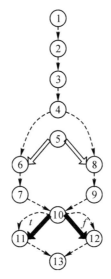

图 5.6　订票代理服务的服务依赖图

5.5　统计诊断

我们所提出的诊断服务主要分为 3 部分:第一部分用于对历史数据和描述规约做预处理,将描述规约转化为服务依赖图并将历史数据转化为用于诊断的测试用例;第二部分就是通过测试用例计算服务依赖图中每一个行为间的依赖关系与故障执行的相似度,构建所谓的诊断模型;第三部分根据给定的异常执行,通过诊断算法计算执行的每一个行为可能是故障的概率并进行排序,最终获得诊断结果。

5.5.1　数据预处理

数据预处理主要用于产生服务依赖图和测试用例,在本章第 5.4 节中我们已经详细阐述了服务依赖图的构建方法,在本节中我们主要介绍如何将历史数据转化为测试用例。

首先,我们假设 Web 服务的历史数据是已知的,并且数据格式如下:

(1)历史数据 HD 以一个执行路径集合的形式描述出来,$HD = \{et_i \mid 1 \leqslant i \leqslant n\}$,这里 et_i 表示 HD 中第 i 条执行路径,n 表示 HD 中执行路径的条数。

(2)在 HD 中的执行路径 $et_i = \{s_1, s_2, \cdots, s_m, result\}$,这里 s_j 表示 et_i 中的第 j 个执行元素并且 $1 \leqslant j \leqslant m$,$result$ 表示 et_i 的执行结果是成功还是失败,即 $result = s$ 或 $result = f$,m 表示 et_i 中执行行为的个数。

(3)执行路径中的每一个执行元素 $s_j = (in_j, b_j, out_j)$,这里 b_j 表示所在执行路径中第 j 个执行的行为,in_j 和 out_j 分别表示第 j 个执行的行为的输入和输出变量。

从上面定义的历史数据格式可以看出,每条执行路径的执行行为都是按照顺序进行记录的,即使是并发执行的行为,也无法从历史数据中明确地区分行为间的依赖关系,因此我们需要使用服务依赖图来标记行为间的依赖关系。

(1)如果在服务依赖图中行为 b_1 和行为 b_2 存在并发控制依赖关系,即 $(n_1, n_2) \in Econ$,并且在执行路径 et 中有行为 b_1 和 b_2,那么使用加号来标记行为 b_1,使用感叹号来标记行为 b_2,并在加号和感叹号后面加上一个相同的数字来表示这两个行为相匹配。

(2)如果在服务依赖图中行为 b_1 和行为 b_2 存在控制依赖关系,即 $(n_1, n_2) \in Ec$,并且在执行路径 et 中有行为 b_1 和 b_2,那么使用减号来标记行为 b_1,使用百分号来标记行为 b_2,并在减号和百分号后面加上一个相同的数字来表示这两个行为相匹配。

(3)对于执行路径 et 中的两个行为 b_1 和 b_2，如果 b_1 在 b_2 之前执行，并且 b_1 的输出变量是 b_2 的输入变量，即 $out_1 = in_2$，那么就认为 b_2（异步）数据依赖于 b_1。

在标记依赖关系时增加的数字主要是用于区分同一个执行路径的不同依赖关系，假设同一路径中有两组并发控制依赖，如 $et = \{\cdots, +1(in_1, b_1, out_1), !1(in_2, b_2, out_2), \cdots, !1(in_3, b_3, out_3), \cdots, +2(in_4, b_4, out_4), !2(in_5, b_5, out_5), \cdots\}$，那么就可以通过数字知道行为 b_2 和 b_3 并发控制依赖于行为 b_1，行为 b_5 并发控制依赖于 b_4。在标记完依赖关系之后，我们就可以根据标记后的历史数据构建测试用例。

定义 5.9　Web 服务 WS 的测试用例集 $TS = \{tc_i \mid 1 \leqslant i \leqslant n\}$，其中：

(1) tc_i 表示测试用例集合 TS 中的第 i 个测试用例，它与 WS 的历史数据中的第 i 个执行路径相对应；

(2) n 表示测试用例集合 TS 中的测试用例个数；

(3) TS_f 和 TS_s 是 TS 的子集，TS_f 是执行失败的测试用例集合，即 WS 的历史数据中执行路径结果是 f 的执行路径集合，TS_s 是执行成功的测试用例集合，即 WS 的历史数据中执行路径结果是 s 的执行路径集合，并且 $TS = TS_f \bigcup TS_s$，$TS_f \bigcap TS_s = \varnothing$。

在测试用例集合中，我们使用 $pd(b_1, b_2, con)$ 来表示 Web 服务 WS 中的行为 b_2 依赖于行为 b_1 的行为依赖关系且满足依赖条件 con，$pd_c(b_1, b_2)$ 表示 b_2 控制依赖于 b_1，$pd_{con}(b_1, b_2)$ 表示 b_2 并发控制依赖于 b_1，$pd_d(b_1, b_2)$ 表示 b_2 数据依赖于 b_1。例如，对于订票代理服务中的控制依赖关系可以表示为 $pd_c(b_{10}, b_{11}, t)$ 和 $pd_c(b_{10}, b_{12}, f)$。此外，我们使用 $pd_c(b_1, \bigcup)$ 来表示所有控制依赖于行为 b_1 的控制依赖关系，用 $pd_c(\bigcup, b_2)$ 来表示所有被行为 b_2 控制依赖的控制依赖关系，用 $pd_{con}(b_1, \bigcup)$ 来表示所有并发控制依赖于行为 b_1 的并发控制依赖关系，用 $pd_d(b_1, \bigcup)$ 表示所有（异步）数据依赖于行为 b_1 的（异步）数据依赖关系，用 $pd_d(\bigcup, b_2)$ 来表示所有被行为 b_2（异步）数据依赖的（异步）数据依赖关系。例如，在订票代理服务中：

$$pd_c(b_{10}, \bigcup) = \{pd_c(b_{10}, b_{11}), pd_c(b_{10}, b_{12})\};$$

$$pd_c(\bigcup, b_{11}) = \{pd_c(b_{10}, b_{11})\};$$

$$pd_{con}(b_5, \bigcup) = \{pd_{con}(b_5, b_6), pd_{con}(b_5, b_8)\};$$

$$pd_d(b_4, \bigcup) = \{pd_d(b_4, b_6), pd_d(b_4, b_8)\};$$

$$pd_d(\bigcup, b_{10}) = \{pd_d(b_7, b_{10}), pd_d(b_9, b_{10})\}。$$

定义 5.10 对于一个 Web 服务 WS 的测试用例集 TS 来说，$TS(pd)$ 表示 TS 中的包含依赖关系 pd 的测试用例集合，其中：

（1）如果 TS 中的一个测试用例 $tc \in TS(pd)$，那么表示 tc 中包含依赖关系 pd；

（2）$TS_f(pd)$ 和 $TS_s(pd)$ 是 $TS(pd)$ 的两个子集，$TS_f(pd)$ 表示所有失败测试用例中包含依赖关系 pd 的测试用例集合，$TS_s(pd)$ 表示所有成功测试用例中包含依赖关系 pd 的测试用例集合，并且 $TS_f(pd) = TS(pd) \bigcap TS_f$，$TS_s(pd) = TS(pd) \bigcap TS_s$。

定义 5.11 对于一个 Web 服务 WS 的测试用例集 TS 来说，$TS(b)$ 表示 TS 中包含行为 b 的测试用例集合，其中：

（1）如果 TS 中测试用例 $tc \in TS(b)$，那么表示 tc 中包含行为 b；

（2）$TS_f(b)$ 和 $TS_s(b)$ 是 $TS(b)$ 的两个子集，$TS_f(b)$ 表示所有失败测试用例中包含行为 b 的测试用例集合，$TS_s(b)$ 表示所有成功测试用例中包含行为 b 的测试用例集合，并且 $TS_f(b) = TS(b) \bigcap TS_f$，$TS_s(b) = TS(b) \bigcap TS_s$。

5.5.2 诊断模型

诊断模型主要是通过测试用例计算依赖关系与失败测试用例之间的相似度，而相似度则是通过一个相似度系数来表示的。相似度主要是指一个行为依赖关系的发生与观察到的失败执行间的相互关系[202]。研究人员提出过很多用于计算相似度的相似度系数，如 Tarantula 系数[203]、SBI 系数[204]、Ochiai 系数[205]。实验表明 Ochiai 系数对于 Web 服务测试用例具有更高的准确性，因此我们选用 Ochiai 系数作为本章相似度计算公式：

$$sim(pd) = \frac{|TS_f(pd)|}{\sqrt{(|TS_f(pd) + TS_s(pd)|)} \times |TS_f|}$$ (5.1)

这里,|·|表示给定集合中元素的个数。该相似度系数既考虑了包含依赖关系 pd 的失败测试用例个数与所有包含 pd 的测试用例个数的比例,也考虑了包含 pd 的失败测试用例个数与所有失败测试用例个数的比例。

这里值得注意的是,数据的预处理以及每个依赖关系的相似度计算都是由诊断服务在空闲时间自动产生的,并且每隔一个时间间隔,诊断服务都会通过新获得的历史数据更新相似度。因此,以上两部分并不消耗诊断时间。

5.5.3　诊断方法

本章诊断方法主要是利用相似度系数分别计算异常观察中每一个行为的控制可疑、并发控制可疑度和数据可疑度,选取每个行为 3 个可疑度中的最大值作为该行为的可疑度,并根据选取的可疑度类型判断该行为发生故障的原因。

行为 b 的控制可疑度是通过计算所有依赖于该行为的依赖关系之间的相似度距离的平均值得到的,也就是说,行为 b 的控制可疑度是所有依赖于它的控制依赖关系与失败执行的相似度之间的差值,这些依赖关系与失败执行相似度的差值越大,表明行为 b 导致失败的可能性越大。因为对于一个行为 b 而言,所有依赖于它的控制依赖关系都是具有排他性的,一个执行路径中不可能出现多个控制依赖于它的控制依赖关系,如果依赖于它的控制依赖关系相似度的差值越大,说明行为 b 选择路径错误的可能性也就越大。具体计算公式如下:

$$susp_c(b) = \sqrt{\sum_{i=1}^{n}\sum_{j=1}^{n}(sim(pd_c(b,b_i,con_i)) - sim(pd_c(b,b_j,con_j)))^2}$$ (5.2)

行为 b 的并发控制可疑度是通过从所有并发依赖于 b 的并发依赖关系

193

的相似度中选择最大的相似度计算得到的,具体计算公式如下,这里 $\gamma \in pd_{con}(b, \bigcup)$:

$$susp_{con}(b) = max(sim(pd_{con}(b, \gamma))) \tag{5.3}$$

行为 b 的数据可疑度是所有包含行为 b 的依赖关系相似度的均值,具体计算公式如下,这里 $\chi \in pd_d(b, \bigcup) \bigcup pd_d(\bigcup, b)$:

$$susp_d(b) = \frac{\sum sim(\chi)}{\mid pd_d(b, \bigcup) \mid + \mid pd_d(\bigcup, b) \mid} \tag{5.4}$$

在获得行为 b 的上述 3 个可疑度之后,我们选择一个最大值作为行为 b 的可疑度,并对待诊断的观察路径中的所有行为的可疑度进行排序,具体见诊断算法 5.1。

$$susp(b) = max(susp_c(b), susp_{con}(b), susp_d(b)) \tag{5.5}$$

算法 5.1 $SDGDiag(sim, obs, k)$

输入:相似度集合 sim,观察到的异常执行 obs,想要获得的故障行为个数 k。

输出:故障行为集合 fbs,行为故障类型集合 $ftype$。

```
01: for i = 1 : obs.length
02:    b = obs(i).behavior;
03:    susp(b) = max(susp_con(b), susp_con(b), susp_d(b)); //根据式
       5.2 到式 5.5
04:    ftype(b) = max_type(susp_c(b), susp_con(b), susp_d(b));
05: end for
06: tnp = obs;
07: for i = 1: tmp.length
08:    for j = i + 1: tmp.length
09:       if susp(tmp(i).behavior) < susp(tmp(j).behavior)
10:          exchange(tmp(i)), tmp(j));
11:    end for
```

12：end for

13：for i = 1：k

14：　　fbs(i) = tmp(i).behavior;

15：end for

16：return (fbs, ftype);

在算法 5.1 中,函数 max_type 表示具有最大可疑度值的类型,如并发控制类型等;函数 $exchange$ 表示交换两个变量的值。

5.6　案例研究

在本节中,我们还以订票代理服务为例,说明基于服务依赖图的诊断方法的整个诊断过程。我们假设 American Airlines 和 Air China 两个航空公司的 Web 服务返回给订票代理服务的价格信息有语义定义不兼容问题。一个中国用户想要订购一张从中国北京到美国洛杉矶的飞机票,于是他输入订票信息并向订票代理服务发送订票请求。订票代理服务根据用户信息查询两个航空公司的机票价格。American Airlines 返回的机票价格是 4151,其货币单位是美元,相当于 25620 元;而 Air China 返回的机票价格是 21620,其货币单位是元。订票代理服务默认货币单位是元,因此订票代理服务从 American Airlines 航空公司的 Web 服务接收了一个错误信息,最后返回给用户的信息是 American Airlines 航空公司的机票最便宜。

为了模拟这种故障发生情况,我们设定行为 b_6 失败执行的概率为 0.79,而设定行为 b_{13} 在服务发生故障后抛出异常的概率为 0.79,而其他行为都被设定为一直成功地执行。根据设定的概率,通过仿真系统分别产生 100 条、200 条和 500 条执行路径作为 3 组测试用例集。然后分别使用 3 组测试用例来计算每个行为的可疑度并排序,可疑度计算及排序结果见表 5.1。

表 5.1　可疑度计算结果

序　号	测试用例数＝100		测试用例数＝200		测试用例数＝500	
	可疑度	行　为	可疑度	行　为	可疑度	行　为
1	0.97	b_6	0.98	b_6	1.00	b_6
2	0.78	b_2	0.87	b_1	0.88	b_2
3	0.76	b_3	0.79	b_2	0.80	b_5
4	0.67	b_5	0.73	b_3	0.73	b_3
5	0.65	b_1	0.71	b_{13}	0.72	b_8
6	0.65	b_9	0.70	b_5	0.68	b_4
7	0.61	b_4	0.56	b_4	0.58	b_1
8	0.23	b_{13}	0.44	b_7	0.48	b_{11}
9	0.16	b_{11}	0.00	b_8	0.47	b_{13}
10	0.00	b_7	0.00	b_9	0.46	b_9
11	0.00	b_8	0.00	b_{10}	0.42	b_{12}
12	0.00	b_{10}	0.00	b_{11}	0.38	b_7
13	0.00	b_{12}	0.00	b_{12}	0.36	b_{10}

从表 5.1 中可以看到在 3 组测试用例中可疑度最高的一直是真正的故障行为 b_6，通过行为 b_6 的 3 个可疑度中数据可疑度值最高判断行为 b_6 发生了数据故障。

通过这个案例我们可以看出，基于服务依赖图的故障诊断方法不仅可以精确诊断发生故障的行为，而且可以根据计算结果来解释故障发生的原因。

5.7　仿真实验

5.7.1　云诊断平台原型系统

为了便于验证我们所提方法的有效性，我们在可扩展的 JADE(Java Agent Development Framework, Java 代理开发框架)的基础上开发了一个云诊断平台原型系统。该原型系统被部署在一个服务器簇上,服务器簇由3个 IBM x3850 M2 服务器组成,每个服务器的配置为内核 4 Xeon E7320 2.13GHz、内存 8GB。我们部署了 6 个虚拟机在云装置上,虚拟机上运行的是 Windows XP 操作系统。所有的虚拟机都配置了 1GB 内存和 1.2GHz CPU。

　　图 5.7 所展示的原型系统架构是基于 JADE 框架的,该框架由一组被称为代理的组件组成。这些代理能够执行给定的任务,并能与其他代理交互信息。我们的原型系统只由组合器和诊断服务组成。其中,组合器包含目录文件(DF,Directory File)、协调代理(CA,Coordinator Agent)、BPEL 文件和 SEL 文件。目录文件提供了一个黄页服务,用于发布代理,所有的代理都

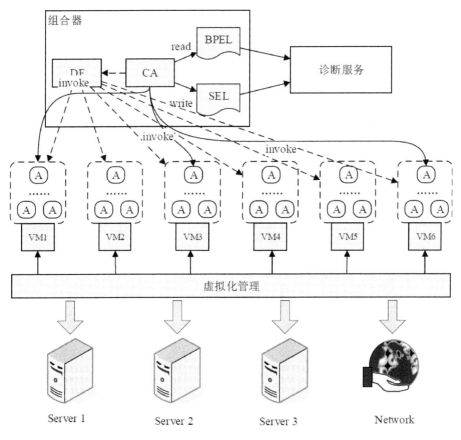

图 5.7　云诊断平台原型系统

必须在目录文件中注册。协调代理用于执行一些管理行为,如开始或结束一个代理进程。协调代理的主要职责是从 BPEL 文件中读取组合服务信息,开始或组织一个分布式工作流,将服务执行信息记录在 SEL 文件中。首先,协调代理需要从目录文件中读取代理的注册信息并且调用相关代理节点用于组合,这些被调用的代理节点被分布在不同的虚拟机上;然后,诊断服务从 BPEL 和 SEL 文件中读取诊断信息,诊断工作流故障。

5.7.2 实验设置

通过该仿真实验,我们主要验证基于服务依赖图的统计诊断方法的诊断准确性。我们共进行 3 组实验,这 3 组实验共需要 4 组实验数据,4 组实验数据都是通过仿真实验系统产生的,具体设置如下:

(1)第一组实验数据 G1 包含 10 组 Web 服务,每一组包含 100 个 Web 服务,并且每组中的 Web 服务都具有相同的行为个数(这 10 组 Web 服务的行为个数分别是 $10,20,\cdots,100$)。G1 中的所有 Web 服务都不包含结构行为。这里所说的结构行为主要包括并发、选择和循环。也就是说,G1 中的 Web 服务都是顺序结构,不包含控制和并发控制依赖关系。

(2)第二组实验数据 G2 同样包含 10 组 Web 服务,每一组包含 100 个 Web 服务,并且每组中的 Web 服务都具有相同的行为个数(这 10 组 Web 服务的行为个数分别是 $10,20,\cdots,100$)。与 G1 不同的是,G2 中的所有 Web 服务都包含一定比例的结构行为,且每个 Web 服务的结构行为个数与总的行为个数比均为 $1:5$。也就是说,如果 Web 服务的行为个数是 10,那么其中有 2 个是结构行为;如果 Web 服务的行为个数是 50,那么其中就有 10 个是结构行为。

(3)第三组实验数据 G3 包含 6 组 Web 服务,每一组包含 100 个 Web 服务,并且每组中的 Web 服务都具有相同的行为个数(这 6 组 Web 服务的行为个数分别是 $50,60,\cdots,100$)。G3 中的所有 Web 服务都具有 10 个结构行为,即:如果 Web 服务中行为总个数是 50,那么其中有 10 个是结构行为;如果 Web 服务中行为总个数是 100,那么其中有 10 个是结构行为。

(4)第四组实验数据 G4 共包含 40 组 Web 服务,且每组中都包含 100 个 Web 服务。这 40 组 Web 服务又被归为 5 类,每类中的 Web 服务的行为个数都是相同的,我们将这五类标号为 L1、L2、L3、L4 和 L5,且每类都包含 8 组Web 服务。L1 中的所有 Web 服务中都包含 60 个行为,且这 8 组中的 Web 服务具有不同的结构行为个数。第一组 Web 服务不包含结构行为;在第二组每个 Web 服务的 60 个行为中,两个是结构行为;在第三组每个 Web 服务的 60 个行为中,4 个是结构行为;在第四组每个 Web 服务的 60 个行为中,6 个是结构行为;在第五组每个 Web 服务的 60 个行为中,8 个是结构行为;在第六组每个 Web 服务的 60 个行为中,10 个是结构行为;在第七组每个 Web 服务的 60 个行为中,12 个是结构行为;在第八组每个 Web 服务的 60 个行为中,14 个是结构行为。L2 中的所有 Web 服务中都包含 70 个行为,L3 中的每个 Web 服务包含 80 个行为,L4 中的每个 Web 服务包含 90 个行为,L5 中的每个 Web 服务包含 100 个行为,而每类中的 8 组 Web 服务的设置都与 L1 类似,每一个小组中的 Web 服务都具有不同的结构行为个数。

对于以上 4 组实验数据,我们通过实验系统为每一个 Web 服务都随机选择一个行为作为故障行为,并且设定该行为发生故障的概率是 0.79,其余行为则设定为一直成功执行,依此概率我们为每个服务生成 100 条执行路径。

5.7.3　实验分析

在第一组实验中,我们分别比较了选取可疑度最高的行为作为故障行为和选择可疑度最高的 3 个行为作为故障行为时,G1 和 G2 两组 Web 服务的诊断精确性。

当我们仅选取可疑度最高的行为作为诊断解时,G1 和 G2 两组数据诊断准确性的比较结果如图 5.8 所示。图中 $sb=0$ 表示在 Web 服务中结构行

为个数为零,$sb=1 ： 5$ 表示在 Web 服务中结构行为与行为总数的比例为
$1：5$。图中的蓝色柱表示 G1,红色柱表示 G2。从图中可以看出,我们所提
出的诊断方法的诊断精确性并不受服务中行为个数和结构行为个数的影
响,而是随着行为个数的不同在 0.8 左右上下波动,且最低是 0.73。因此,
该诊断方法具有较高的精确性。

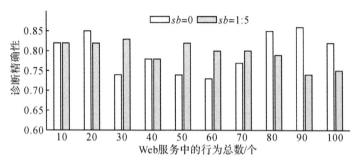

图 5.8　G1 和 G2 的 top-1 诊断精确性比较

当我们选取可疑度最高的 3 个行为作为诊断解时,G1 和 G2 两组数据
诊断准确性的比较结果如图 5.9 所示。从图中可以看出,当我们选取可疑度
最高的 3 个行为作为诊断解时,虽然 G2 中包含一定比例的结构行为,但是
对于方法诊断的精确性并没有明显的影响,诊断正确性不低于 0.9。这也进
一步说明我们所提出的方法是一种有效的故障诊断方法。

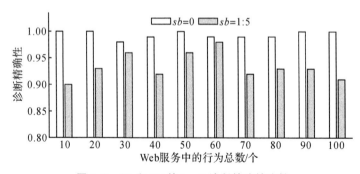

图 5.9　G1 和 G2 的 top-3 诊断精确性比较

在第二组实验中,我们分别比较了选取可疑度最高的行为作为故障行
为和选择可疑度最高的 3 个行为作为故障行为时,G1、G2 和 G3 三组实验数
据中 Web 服务行为总数为 50 个到 100 个的服务的诊断精确性。

当我们仅选取可疑度最高的行为作为诊断解时,G1、G2 和 G3 三组数据诊断准确性的比较结果如图 5.10 所示。图中 $sb=0$ 表示在 Web 服务中结构行为个数为零,$sb=1：5$ 表示在 Web 服务中结构行为与行为总数的比例为 $1：5$,$sb=10$ 表示在 Web 服务中结构行为个数为 10。图中的蓝色柱表示G1,红色柱表示 G2,绿色柱表示 G3。从图中可以进一步看出,当仅选取可疑度最高的行为作为诊断解时,服务中的结构行为个数对诊断精确性并没有明显的影响,且不低于 0.73。

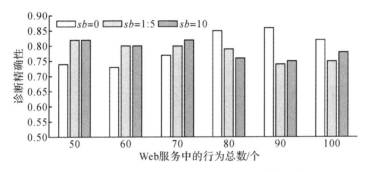

图 5.10　G1、G2 和 G3 的 top-1 诊断精确性比较

从图 5.11 我们也可以进一步证实,当我们选取可疑度最高的 3 个行为作为诊断解时,服务结构的复杂度对诊断的精确性没有明显影响。

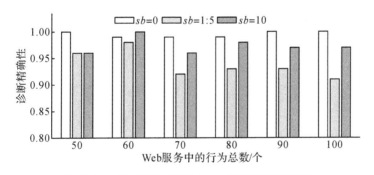

图 5.11　G1、G2 和 G3 的 top-1 诊断精确性比较

在第三组实验中,我们分别比较了选取可疑度最高的行为作为故障行为和选择前 3 个可疑度最高的行为作为故障行为时,G4 组中具有不同结构行为个数的 Web 服务的诊断精确性。

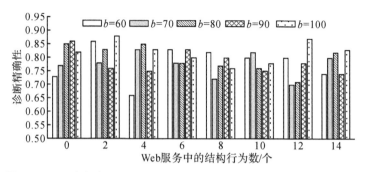

图 5.12　G4 中包含不同行为个数的 Web 服务的 top-1 诊断精确性比较

图 5.12 显示了当我们仅选取可疑度最高的行为作为诊断解时,G4 中具有相同行为个数,但具有不同结构行为个数的 Web 服务诊断准确性的比较结果。图中 $b=60$ 表示在 Web 服务中的行为个数为 60,依次类推。从图中可以看出,所提诊断方法对于具有不同行为个数、不同结构行为个数的 Web 服务都具有很高的诊断精确性,也就进一步证明了该诊断方法是有效的。

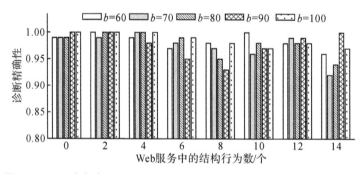

图 5.13　G4 中包含不同行为个数的 Web 服务的 top-3 诊断精确性比较

图 5.13 显示了当我们选取 3 个可疑度最高的行为作为诊断解时,G4 中具有相同行为个数,但具有不同结构行为个数的 Web 服务诊断准确性的比较结果。从图中可以看出,无论行为个数和结构行为个数的多少,当选取 3 个行为作为诊断解时,本章方法的诊断准确性都相当高,不低于 0.92。

以上的实验有力地证明:所提诊断方法对于诊断各种结构、各种规模的 Web 服务都是非常有效的。

参考文献

[1] 宋炜,张铭. 语义网简明教程. 北京:高等教育出版社, 2004.

[2] 邓水光. Web 服务自动组合与形式化验证的研究. 杭州:浙江大学, 2007.

[3] 廖军,谭浩,刘锦德. 基于 Pi-演算的 Web 服务组合的描述和验证. 计算机学报, 2005, 28(4):635-643.

[4] 安波. CMIS 信贷管理信息系统的设计与实现. 成都:电子科技大学, 2010.

[5] 刘超敏. Web 服务技术及其发展趋势. 电脑知识与技术, 2009, 5(17):4411-4412.

[6] 闫春钢,蒋昌俊,李启炎. 基于 Petri 网的 Web 服务组合与分析. 计算机科学, 2007, 34(2):100-103,124.

[7] 雷丽晖,段振华. 一种基于扩展有限自动机验证组合 Web 服务的方法. 软件学报, 2007, 18(12):2980-2990.

[8] 汤景凡. 动态 Web 服务组合的关键技术研究. 杭州:浙江大学, 2005.

[9] Hollingsworth D. Workflow Management Coalition:The Workflow Reference Model. The Workflow Management Coalition, 1995, 68.

[10] 张佩云,孙亚民. 动态 Web 服务组合研究. 计算机科学, 2007, 34(5):4-7,24.

[11] 梁晟. 基于语义 Web 的服务自动组合技术的研究. 北京:中国科学院软件研究所, 2004.

[12] 王春红,何志林. Web 服务的发展与应用. 电脑知识与技术:学术交

流，2006，36:80,124.

[13] 王众. Web 服务的发展及未来. 全国计算机信息管理学术研讨会，2004.

[14] DNA S. W. The Digital Network Architecture. IEEE Transactions on Communications, 1980, 28(4):510-526.

[15] 饶元,冯博琴. 新网络体系结构—Web Services 研究综述. 计算机科学,2004,31(5):1-4.

[16] Emmerich W. IEE Colloquium on Distributed Objects-Technology and Application: An Overview of OMG/CORBA. IET, 1997.

[17] Foster I. ,Kesselman C. ,Tueck S. The Anatomy of the Grid: Enabling Scalable Virtual Organizations. International J Supercomputer Applications, 2001, 15(1):6.

[18] Foster I. ,Kesselman C. ,Nick J. M. ,et al. The Physiology of the Grid:An Open Grid Services Architecture for Distributed Systems Integration.

[19] 楚西岳,韩元杰. Web 服务及其应用前景展望. 计算技术与自动化，2006, 25(4):237-240.

[20] 刘一松,朱丹. 基于聚类与二分图匹配的语义 Web 服务发现. 计算机工程, 2016, 42(2):157-163.

[21] 覃肖云. Web 服务技术及其发展趋势. 广西医科大学学报, 2008, 25 (S1):86-88.

[22] Han Y. , Wang H. , Wang J. An End-user-oriented Approach to Exploratory Service Compostion. Journal of Computer Research and Development, 2006, 43(11):1895-1903.

[23] 张艳梅,雷霆霈,曹怀虎,等. 面向探索式服务组合场景的即时服务推荐方法研究. 小型微型计算机系统, 2017, 38(5):1002-1006.

[24] 陈亮,邹鹏,熊达鹏,等. 基于探针的 Web 服务运行时监控方法研究. 装备学院学报, 2016, 27(5):100-106.

[25] Bruning S. ,Weissleder S. ,Malek M. A Fault Taxonomy for Service-

Oriented Architecture. 10th IEEE High Assurance Systems Engineering Symposium（HASE'07），2007.

[26] 赵童童. Web 服务组合中服务的选择和服务质量的研究. 济南:山东师范大学，2012.

[27] Armbrust M.，Fox A.，Griffith R. A view of cloud computing. Communications of the ACM，2010.

[28] 马晓轩,林学练. Web 服务性能优化的研究. 计算机工程与应用，2005，8:19-22,54.

[29] 唐明靖,陈建兵,林洁. 可靠性 Web 服务组合的事务协调机制研究. 电脑知识与技术，2011，7(3):556-559.

[30] 高志方,赖雨晴,彭定洪. 可信云服务评估的非加 IVHF-GLRA 方法. 计算机应用研究，2018,35(2):448-452,458.

[31] Ma H.，Hu Z.，Li K. Toward Trustworthy Cloud Service Selection: A Time-aware Approach using Interval Neutrosophic Set. Parallel Distrib. Comput.，2016，96:75-94.

[32] Sidhu J.，Singh S. Improved TOPSIS Method based Trust Evaluation Framework for Determining Trustworthiness of Cloud Service Providers. Grid Computing，2016，15(1):1-25.

[33] 杨芙清,梅宏,吕建,等. 浅论软件技术发展. 电子学报，2002，30(12A):1901-1906.

[34] 吕建,马晓星,陶先平,等. 网构软件的研究与进展. 中国科学 E 辑:信息科学,2006,36(10):1037-1080.

[35] 柴晓路,梁宇奇. Web Services 技术、架构和应用. 北京:电子工业出版社，2003.

[36] 董武高. 基于 SOA 的制造企业信息化研究. 成都:四川大学，2005.

[37] David S. Servie-Oriented Architecture. Scientific Computing and Instrumentation，2004，21(6):26-28.

[38] Papazoglou M. P. Service-oriented Computing: Concepts, Characteristics

and Directions. Proceedings of the 4th International Conference on Web Information Systems Engineeing, 2003.

[39] Arsanjani A. Service-oriented Modeling and Architecture IEEE International Conference on Services Computing (SCC'06), 2006.

[40] Newcomer E., Lomow G. Understanding SOA with Web Services-Independent Technology Guides. Addison-Wesley Professional, 2005.

[41] 张佩云,黄波,孙亚民. 基于 Petri 网的 Web 服务组合模型描述和验证. 系统仿真学报, 2007, 19(12):2872-2876.

[42] Liu J. Using Pi-calculus to Model Web Service Interaction. Journal of Computational Information Systems, 2013, 9(5):1759-1767.

[43] Marwaha P., Banati H., Bedi P. Formalizing BPEL-TC Through Π-calculus. International Journal of Web & Semantic Technology, 2013, 4(3):11-21.

[44] Yun B. Formal Modeling of Trust Web Service Composition Using Pi-calculus. ELKOMNIKA: Indonesian Journal of Electrical Engineering, 2013, 11(8):4385-4392.

[45] 云本胜. 基于 Pi-演算的信任 Web 服务组合建模. 计算机科学, 2012, 39(11A):240-244.

[46] 胡静,冯志勇. 基于多元 Pi-演算的 Web 服务形式化描述模型及其验证. 计算机应用研究, 2011, 28(8):2999-3003.

[47] 胡静,饶国政,冯志勇. 基于多元 Pi-演算的 Web 服务组合描述与验证. 天津大学学报(自然科学与工程技术版), 2013, 46(6):520-525.

[48] Hamadi R., Benatallah B. A Petri Net-based Model for Web Service Composition. Proceedings of the Fourteenth Australasian Database Conference on Database Technologies, 2003.

[49] 罗楠,严隽薇,刘敏. 一种基于有色 Petri 网的语义 Web 服务组合验证机制. 计算机集成制造系统, 2007, 13(11):2203-2210.

[50] 李景霞,闫春钢. 一种基于扩展颜色 Petri 网的 Web 服务组合验证机

制. 计算机科学, 2009, 36(10):146-149.

[51] Foster H., Uchitel S., Magee J., et al. ComPatibility Verification for Web Service Choreography. IEEE International Conference on Web Services, 2004.

[52] Wombacher A., Fankhauser P., Mahleko B., et al. Matchmaking for Business Processes based on Choreographies. International Journal of Web Services, 2004, 1(4):359-368.

[53] 曹永忠,丁秋林,李斌. 基于有限自动机的 Web 服务行为的描述与发现. 现代电子技术, 2007,2:121-123.

[54] Wombacher A., Mahleko B., Neuhold E. IPSI-PF: A Business Process Matchmaking Engine. IEEE International Conference on E-Commerce Technology IEEE Computer Society, 2004.

[55] 魏丫丫,林闯,田立勤. 用进程代数描述可适应工作流的模型方法. 电子学报, 2002, 30(11):1624-1628.

[56] 刘方方,史玉良,张亮,等. 基于进程代数的 Web 服务合成的替换分析. 计算机学报, 2007, 30(11):2033-2039.

[57] Brogi A., Canal C., Pimentel E., et al. Formalizing Web Service Choreographies. Electronic Notes in Theoretical Computer Science, 2004, 105(105):73-94.

[58] 付晓东,邹平,尚振宏,等. 基于贝叶斯网络的 Web 服务组合故障诊断. 计算机应用,2008, 28(5):1095-1097,1100.

[59] Chan K. S. M., Bishop J., Steyn J., et al. A Fault Taxonomy for Web Service Composition. Service-Oriented Computing Workshops (ICSOC 2007), 2007.

[60] 付晓东. Web 服务组合服务质量保障关键问题研究. 昆明:昆明理工大学, 2008.

[61] Ardissono L., Console L., Goy A., et al. Enhancing Web Services with Diagnostic Capabilities. Proceedings of the Third European Conference on

Web Services (ECOWS'05), 2005.

[62] Dai Y. , Yang L. , Zhang B. , et al. Exception Diagnosis for Composite Service Based on Error Propagation Degree. 2011 IEEE International Conference on Services Computing (SCC 2011), 2011.

[63] 韩旭,史忠植,林芬. 基于模型诊断的研究进展. 高技术通讯, 2009, 19(5):543-550.

[64] 欧阳丹彤,欧阳继红,刘大有. 基于模型诊断的研究与新进展. 吉林大学自然科学学报,2001,2:38-45.

[65] 朱大奇,于盛林. 基于知识的故障诊断方法综述. 安徽工业大学学报, 2002, 19(3):197-204.

[66] Angeli C. Online Expert Systems for Fault Diagnosis in Technical Processes. Expert Systems, 2008, 25(2):115-132.

[67] Crasso M. , Zunino A. , Campo M. A Survey of Approaches to Web Service Discovery in Service-Oriented Architectures. Journal of Database Management, 2011, 22(1):102-132.

[68] Himmelblau D. M. Fault Detection and Diagnosis in Chemical and Petrochemical Processes. Elsevier Scientific Pub. Co. , 1978.

[69] 王道平,张义忠. 故障智能诊断系统的理论与方法. 北京:冶金工业出版社,2001.

[70] 王竹晓,杨鲲,史忠植. 基于动态描述逻辑的网构软件系统故障诊断. 软件学报, 2010, 21(2):248-260.

[71] Psaier H. , Dustdar S. A Survey on Self-healing Systems:Approaches and Systems. Computing, 2011, 91(1):43-73.

[72] Venkatasubramanian V. , Rengaswamy R. , Kavuri S. N. A Review of Process Fault Detection and Diagnosis Part Ⅱ: Quantitative Model and Search Strategies. Computers & Chemical Engineering, 2003, 27 (3):313-326.

[73] Venkatasubramanian V. , Rengaswamy R. , Yin K. , et al. A Review of

Process Fault Detection and Diagnosis Part Ⅰ: Quantitative Model-based Methods. Computers & Chemical Engineering, 2003, 27(3): 293-311.

[74] Venkatasubramanian V. , Rengaswamy R. , Yin K. , et al. A Review of Process Fault Detection and Diagnosis Part Ⅲ: Process History based Methods. Computers & Chemical Engineering, 2003, 27(3):327-346.

[75] Li Y. , Melliti T. , Dague P. Modeling BPEL Web services For Diagnosis: Towards Self-healing Web services. Proceedings of 3rd International Conference on Web Information Systems and Technologies (WEBIST'07), 2006.

[76] Fugini M. , Mussi E. Recovery of Faulty Web Applications through Service Discovery. 1st International Workshop on Semantic Matchmaking and Resource Retrieval (SMR 2006), 2006.

[77] Kopp O. , Leymann F. , Wutke D. Fault Handling in the Web Service Stack. Service-Oriented Computing, 2010, 6470:303-317.

[78] 刘丽,况晓辉,方兰,等. Web 服务故障的分类方法. 计算机系统应用, 2010, 19(8):258-263.

[79] Boniface M. , Nasser B. , Papay J. , et al. Platform-as-a-Service Architecture for Real-Time Quality of Service Management in Clouds. 2010 Fifth International Conference on Internet and Web Applications and Services (ICIW), 2010.

[80] Chang C. C. , Tseng C. T. Development and Integration of Expert Systems based on Service-oriented Architecture. 7th WSEAS International Conference on Simulation, Modelling and Optimization, 2007.

[81] Liu A. , Li Q. , Huang L. S. , et al. FACTS: A Framework for Fault-Tolerant Composition of Transactional Web Services. IEEE Transactions on Services Computing, 2010, 3(1):46-59.

[82] Lu Q. , Zhang W. S. , Su B. An Exception Handling Framework for

Service-oriented Computing. Proceedings of 2008 IFIP International Conference on Network and Parallel Computing, 2008.

[83] Shah N. , Iqbal R. , Iqbal K. , et al. A QoS Perspective on Exception Diagnosis in Service-oriented Computing. Journal of Universal Computer Science, 2009, 15(9):1871-1885.

[84] Silas S. , Ezra K. , Blessing Rajsingh E. A Novel Fault Tolerant Service Selection Framework for Pervasive Computing. Human-Centric Computing and Information Sciences, 2012, 2(1):1-14.

[85] Sun C. -A. , Wang G. , Mu B. , et al. Metamorphic Testing for Web Services: Framework and a Case Study. 2011 IEEE International Conference on Web Services (ICWS), 2011.

[86] Zhao F. G. , Chen J. , Dong G. M. , et al. SOA-based Remote Condition Monitoring and Fault Diagnosis System. International Journal of Advanced Manufacturing Technology, 2010, 46(9-12):1191-1200.

[87] Zhou J. , Zhang D. , Arogeti S. A. , et al. iDiagnosis & Prognosis-An Intelligent Platform for Complex Manufacturing. 2009 IEEE/ASME International Conference on Advanced Intelligent Mechatronics, 2009: 405-410.

[88] Zhu Z. , Li J. , Zhao Y. , et al. SCENETester: A Testing Framework to Support Fault Diagnosis for Web Service Composition. 11th IEEE International Conference on Computer and Information Technology (CIT 2011), 2011.

[89] 刘丽,方兰,李远玲,等. 基于故障矩阵的 Web 服务故障诊断框架//中国通信学会. 中国通信学会第六届学术年会论文集(上). 北京:国际工业出版社,2009.

[90] Console L. , Fugini M. WS-DIAMOND: An Approach to Web Services-DIAgnosability, MONitoring and Diagnosis. Proceedings of E-Challenges Conference, 2007.

[91] Console L. ,Picardi C. ,Dupre D. T. A Framework for Decentralized Qualitative Model-based Diagnosis. Proceedings of the 20th International Joint Conference on Artifical Intelligence (IJCAI'07), 2007.

[92] Ait-Bachir A. ,Fauvet M. -C. Diagnosing and Measuring Incompatibilities between Pairs of Services. Proceedings of the 20th International Conference on Database and Expert Systems Applications (DEXA'09), 2009.

[93] Alodib M. ,Bordbar B. A Model-based Approach to Fault Diagnosis in Service Oriented Architectures. 7th IEEE European Conference on Web Services (ECOWS'09), 2009.

[94] Alrifai M. ,Skoutas D. ,Risse T. Selecting Skyline Services for QoS-based Web Service Composition. Proceedings of the 19th International Conference on World Wide Web, 2010.

[95] Antonioletti M. ,Krause A. ,Paton N. W. ,et al. The WS-DAI Family of Specifications for Web Service Data Access and Integration. SIGMOD Record, 2006, 35(1):48-55.

[96] Bai X. ,Dong W. ,Tsai W. -T. ,et al. WSDL-based Automatic Test Case Generation for Web Services Testing. IEEE International Workshop on Service-Oriented System Engineering (SOSE 2005), 2005.

[97] Borrego D. ,Gasca R. M. ,Gomez-Lopez M. T. ,et al. Contract-based Diagnosis for Business Process Instances using Business Compliance Rules. 21st International Workshop on Principles of Diagnosis, 2010.

[98] Dai G. ,Bai X. ,Wang Y. ,et al. Contract-based Testing for Web Services. 31st Annual International Computer Software and Applications Conference (OMPSAC 2007), 2007.

[99] Friedrich G. ,Fugini M. ,Mussi E. ,et al. Exception Handling for Repair in Service-based Processes. IEEE Transactions on Software Engineering, 2010, 36(2):198-215.

[100] Gomez-Lopez M. T. ,Gasca R. M. Fault Diagnosis in Databases for

Business Processes. 21st International Workshop on Principles of Diagnosis, 2010.

[101] Hamadi R. ,Benatallah B. ,Medjahed B. Self-adapting Recovery Nets for Policy-driven Exception Handling in Business Processes. Distributed Parallel Databases, 2008, 23(1):1-44.

[102] Hui S. C. , Fong A. C. M. , Jha G. A Web-based Intelligent Fault Diagnosis System for Customer Service Support. Engineering Applications of Artificial Intelligence, 2001, 14(4):537-548.

[103] Moo-Mena F. , Garcilazo-Ortiz J. , Basto-Diaz L. , et al. Defining A Self-healing QoS-based Infrastructure for Web Services Applications. Proceedings of the 11th International Conference on Computational Science and Engineering (CSEWORKSHOPS'08), 2008.

[104] Pencole Y. , Subias A. A Chronicle-based Diagnosability Approach for Discrete Timed-event Systems: Application to Web-Services. Journal of Universal Computer Science, 2009, 15(17):3246-3272.

[105] Tsai W. T. , Bai X. , Paul R. , et al. End-to-end Integration Testing Design. 25th Annual International Computer Software and Applications Conference (COMPSAC 2001), 2001.

[106] Tsai W. T. , Zhou X. , Chen Y. , et al. On Testing and Evaluating Service-oriented Software. Computer, 2008, 41(8):40-46.

[107] Varela-Vaca A. J. , Gasca R. M. , Parody L. OPBUS: Automating Structural Fault Diagnosis for Graphical Models in the Design of Business Processes. 21st International Workshop on Principles of Diagnosis, 2010.

[108] Wang L. ,Bai X. ,Zhou L. ,et al. A Hierarchical Reliability Model of Service-based Software System. 33rd Annual IEEE International Computer Software and Applications Conference (COMPSAC'09), 2009.

[109] 陈蔼祥,陈清亮,潘久辉,等. 通过诊断图分析的快速诊断算法. 计算

机学报, 2009, 32(8):1470-1485.

[110] 褚灵伟,邹仕洪,程时端,等. 一种动态环境下的互联网服务故障诊断算法. 软件学报, 2009, 20(9):2520-2530.

[111] 褚灵伟,邹仕洪,程时端,等. 多域服务环境下的分布式故障诊断算法. 电子与信息学报, 2010, 32(4):836-840.

[112] 刘东,张春元,邢维艳,等. 基于贝叶斯网络的多阶段系统可靠性分析模型. 计算机学报, 2008, 31(10):1814-1825.

[113] Cordier M. -O. ,Guillou X. L. ,Robin S. ,et al. Distributed Chronicles for On-line Diagnosis of Web Services. 18th International Workshop on Principles of Diagnosis, 2007.

[114] Fan G. ,Yu H. ,Chen L. ,et al. A Petri Net-Based Byzantine Fault Diagnosis Method for Service Composition. 2012 IEEE 36th Annual Computer Software and Applications Conference (COMPSAC), 2012.

[115] Li Y. , Ye L. , Dague P. , et al. A Decentralized Model-based Diagnosis for BPEL Services. Proceedings of the 2009 21st IEEE International Conference on Tools with Artificial Intelligence (ICTAI'09), 2009.

[116] Yan Y. ,Dague P. ,Pencole Y. ,et al. A Model-based Approach for Diagnosing Faults in Web Service Processes. The International Journal of Web Services Research (JWSR), 2009, 6(1):87-110.

[117] Mayer W. ,Friedrich G. ,Stumptner M. Diagnosis of Service Failures by Trace Analysis with Partial Knowledge. Service-Oriented Computing, 2010, 6470:334-349.

[118] Ardissono L. ,Console L. ,Goy A. ,et al. Cooperative Model-based Diagnosis of Web Services. Proceedings of 16th International Workshop on Principles of Diagnosis 2005.

[119] Ardissono L. ,Furnari R. ,Goy A. ,et al. Fault Tolerant Web Service Orchestration by Means of Diagnosis. Proceedings of the Third European

conference on Software Architecture (EWSA'06), 2006.

[120] Bocconi S. , Picardi C. , Pucel X. , et al. Model-based Diagnosability Analysis for Web Services. 10th Congress of the Italian Association for Artificial Intelligence, 2007.

[121] Ardissono L. , Bocconi S. , Console L. , et al. Enhancing Web Service Composition by Means of Diagnosis. Business Process Management Workshops, 2008.

[122] 夏永霖. 复合服务自恢复关键技术研究. 北京:中国科学技术大学, 2010.

[123] 范贵生,虞慧群,陈丽琼,等. 基于 Petri 网的服务组合故障诊断与处理. 软件学报, 2010, 21(2):231-247.

[124] Wang C. , Wang G. , Chen A. , et al. A Policy-based Approach for QoS Specification and Enforcement in Distributed Service-oriented Architecture. 2005 IEEE International Conference on Services Computing, 2005.

[125] Wang G. , Chen A. , Wang C. , et al. Integrated Quality of Service (QoS) Management in Service-oriented Enterprise Architectures. Proceedings of Eighth IEEE International Enterprise Distributed Object Computing Conference (EDOC 2004), 2004.

[126] Wang G. , Wang C. , Chen A. , et al. Service Level Management using QoS Monitoring, Diagnostics and Adaptation for Networked Enterprise Systems. 2005 Ninth IEEE International EDOC Enterprise Computing Conference, 2005.

[127] Wang H. , Wang G. , Chen A. , et al. Modeling Bayesian Networks for Autonomous Diagnosis of Web Services. Proceedings of the Nineteenth International Florida Artificial Intelligence Research Society Conference (FLAIRS 2006), 2006.

[128] Zhu Z. , Dou W. QoS-Based Probabilistic Fault-Diagnosis Method for

Exception Handling. New Horizons in Web-based Learning: ICWL 2010 Workshops, 2011.

[129] Active BPEL Enterprise Administration Console Help. USA: Active Endpoints, Inc., 2007.

[130] Mostefaoui G. K., Maamar Z., Narendra N. C., et al. On Modeling and Developing Self-healing Web Services using Aspects. Proceedings of the 2007 2nd International Conference on Communication System Software and Middleware and Workshops (COMSWARE 2007), 2007.

[131] Han X., Shi Z., Niu W., et al. Similarity-based Bayesian Learning from Semi-structured Log Files for Fault Diagnosis of Web Services. 2010 IEEE/WIC/ACM International Conference on Web Intelligence and Intelligent Agent Technology (WI-IAT), 2010.

[132] Lakshmi H. N., Mohanty H. Automata for Web Services Fault Monitoring and Diagnosis. International Journal of Computer & Communication Technology (IJCCT), 2011, 3(2):13-18.

[133] Lamperti G., Zanella M. EDEN: An Intelligent Software Environment for Diagnosis of Discrete-event Systems. Applied Intelligence, 2003, 18(1):55-77.

[134] Lamperti G., Zanella M. Context-sensitive Diagnosis of Discrete-event Systems. Proceedings of the 22nd International Joint Conference on Artificial Intelligence (IJCAI 2011), 2011.

[135] Kemper P., Tepper C. Automated Trace Analysis of Discrete-Event System Models. IEEE Transactions on Software Engineering, 2009, 35(2):195-208.

[136] Duan S., Zhang H., Jiang G., et al. Supporting System-wide Similarity Queries for Networked System Management. Proceedings of the 2010 IEEE-IFIP Network Operations and Management Symposium (NOMS), 2010.

[137] Alonso-Gonzalez C. J. , Moya N. , Biswas G. Factoring Dynamic Bayesian Networks using Possible Conflicts. 21st International Workshop on Principles of Diagnosis, 2010.

[138] Ayers A. , Schooler R. , Metcalf C. , et al. TraceBack: First Fault Diagnosis by Reconstruction of Distributed Control Flow. Proceedings of the 2005 ACM SIGPLAN Conference on Programming Language Design and Implementation, 2005.

[139] Barata J. , Ribeiro L. , Colombo A. Diagnosis using Service Oriented Architectures (SOA). 2007 5th IEEE International Conference on Industrial Informatics, 2007.

[140] Frank P. M. , Ding S. X. , Marcu T. Model-based Fault Diagnosis in Technical Processes. Transactions of the Institute of Measurement and Control, 2000, 22(1):57-101.

[141] Friedrich G. , Mayer W. , Stumptner M. Diagnosing Process Trajectories under Partially Known Behavior. 21st International Workshop on Principles of Diagnosis, 2010.

[142] Gonzalez-Sanchez A. , Abreu R. , Gross H. -G. , et al. Spectrum-based Sequential Diagnosis. 21st International Workshop on Principles of Diagnosis, 2010.

[143] Grastien A. , Torta G. Reformulation for the Diagnosis of Discrete-Event Systems. 21st International Workshop on Principles of Diagnosis, 2010.

[144] Kuhn L. , De Kleer J. Diagnosis with Incomplete Models: Diagnosing Hidden Interaction Faults. 21st International Workshop on Principles of Diagnosis, 2010.

[145] Lamperti G. , Zanella M. Distributed Consistency-Based Diagnosis without Behavior. 21st International Workshop on Principles of Diagnosis, 2010.

［146］Nyberg M. ，Svärd C. A Decentralized Service Based Architecture for Design and Modeling of Fault Tolerant Control Systems. 21st International Workshop on Principles of Diagnosis, 2010.

［147］刘佳,王红,杨士元,等. 求解最小完全测试集的第一原理方法. 计算机工程与应用, 2010, 46(31):80-81,147.

［148］王楠,欧阳丹彤,孙善武. 基于模型诊断的抽象分层过程. 计算机学报, 2011, 34(2):383-394.

［149］杨叔子,丁洪,史铁林,等. 基于知识的诊断推理. 北京:清华大学出版社, 1993.

［150］张学农,姜云飞,陈蔼祥,等. 值传递诊断过程的抽象和重用. 计算机学报, 2009, 32(7):1264-1279.

［151］赵相福. 离散事件系统基于模型诊断的若干问题研究. 长春:吉林大学, 2009.

［152］Abreu R. ，Gonzalez-Sanchez A. ，Van Gemund A. J. C. Exploiting Count Spectra for Bayesian Fault Localization. Proceedings of the 6th International Conference on Predictive Models in Software Engineering (PROMISE 2010), 2010.

［153］Abreu R. ,Mayer W. ,Stumptner M. ,et al. Refining Spectrum-based Fault Localization Rankings. Proceedings of the 2009 ACM Symposium on Applied Computing, 2009.

［154］Abreu R. ，Van Gemund A. J. C. Diagnosing Multiple Intermittent Failures using Maximum Likelihood Estimation. Artificial Intelligence, 2010, 174(18):1481-1497.

［155］Abreu R. ，Zoeteweij P. ，Gemund A. Localizing Software Faults Simultaneously. 9th International Conference on Quality Software (QSIC'09), 2009.

［156］Abreu R. ，Zoeteweij P. ，Van Gemund A. J. C. An Evaluation of Similarity Coefficients for Software Fault Localization. 12th Pacific

Rim International Symposium on Dependable Computing (PRDC'06), 2006.

[157] Abreu R. ,Zoeteweij P. ,Van Gemund A. J. C. An Observation-based Model for Fault Localization. Proceedings of the 2008 International Workshop on Dnamic Analysis: International Symposium on Software Testing and Analysis (ISSTA 2008), 2008.

[158] Abreu R. , Zoeteweij P. , Van Gemund A. J. C. Techniques for Diagnosing Software Faults. New Zealand:Delft University of Technology Software Engineering Research Group, 2008.

[159] Abreu R. , Zoeteweij P. , Van Gemund A. J. C. A New Bayesian Approach to Multiple Intermittent Fault Diagnosis. International Joint Conference on Artificial Intelligence, 2009.

[160] Abreu R. , Zoeteweij P. , Van Gemund A. J. C. Simultaneous Debugging of Software Faults. Journal of Systems and Software, 2011, 84(4):573-586.

[161] Abreu R. ,Zoeteweij P. ,Van Gemund A. J. C. On the Accuracy of Spectrum-based Fault Localization. Testing: Academic and Industrial Conference Practice and Research Techniques (TAICPART-MUTATION 2007), 2007.

[162] Abreu R. ,Zoeteweij P. ,Van Gemund A. J. C. Spectrum-based Multiple Fault Localization. 24th IEEE/ACM International Conference on Automated Software Engineering (ASE'09), 2009.

[163] Behl J. ,Distler T. ,Heisig F. ,et al. Providing Fault-tolerant Execution of Web-service-based Workflows within Clouds. Proceedings of the 2nd International Workshop on Cloud Computing Platforms, 2012.

[164] Contant O. , Lafortune S. , Teneketzis D. Diagnosing Intermittent Faults. Discrete Event Dynamic Systems, 2004, 14(2):171-202.

[165] Farj K. ,Chen Y. ,Speirs N. A. A Fault Injection Method for Testing Dependable Web Service Systems. 2012 IEEE 15th International

Symposium on Object/Component/Service-Oriented Real-Time Distributed Computing (ISORC), 2012.

[166] Gonzalez-Sanchez A. , Abreu R. , Gross H. , et al. Prioritizing Tests for Fault Localization through Ambiguity Group Reduction. 2011 26th IEEE/ACM International Conference on Automated Software Engineering (ASE), 2011.

[167] Gupta S. , Van Gemund A. J. C. , Abreu R. Probabilistic Error Propagation Modeling in Logic Circuits. 2011 IEEE Fourth International Conference on Software Testing, Verification and Validation Workshops (ICSTW), 2011.

[168] De Kleer J. Focusing on Probable Diagnoses. Proceedings of AAAI-91, 1991.

[169] De Kleer J. Diagnosing Intermittent Faults. 18th International Workshop on Principles of Diagnosis, 2007.

[170] Lucas P. J. F. Bayesian Model-based Diagnosis. International Journal of Approximate Reasoning, 2001, 27(2):99-119.

[171] 曾建,鞠时光,宋香梅. 基于依赖图的信息流图构建方法. 计算机应用研究, 2009, 26(6):2154-2157,2164.

[172] 程宇,王武,崔福军,等. 基于模型的故障诊断方法研究综述. Proceedings of the 27th Chinese Control Conference, 2008.

[173] Mahulea C. , Seatzu C. , Cabasino M. P. , et al. Fault Diagnosis of Discrete-event Systems Using Continuous Petri Nets. IEEE Transactions on Systems Man and Cybernetics Part A-Systems and Humans, 2012, 42(4):970-984.

[174] Tan J. , Kavulya S. , Gandhi R. , et al. Light-weight Black-box Failure Detection for Distributed Systems. Proceedings of the 2012 Workshop on Management of Big Data Systems, 2012.

[175] 吴旋. 基于离散事件动态系统的故障诊断理论的研究. 杭州:浙江大

学, 2002.

[176] Reiter R. A Theory of Diagnosis from First Principles. Artificial Intelligence, 1987, 32(1):57-95.

[177] Juric M. B., Mathew B., Sarang P. Business Process Execution Language for Web Services. Journal of Grid Computing, 2006, 3 (3-4):283-304.

[178] BPEL 简明开发手册. China:Sika Team, 2006.

[179] Murata T. Petri Nets: Properties, Analysis and Applications. Proceedings of the IEEE, 1989.

[180] 袁崇义. Petri 网原理与应用. 北京:电子工业出版社, 2005.

[181] Al-Masri E., Mahmoud Q. H. Discovering the Best Web Service. 16th International Conference on World Wide Web (WWW), 2007.

[182] Al-Masri E., Mahmoud Q. H. QoS-based Discovery and Ranking of Web Services. IEEE 16th International Conference on Computer Communications and Networks (ICCCN), 2007.

[183] Al-Masri E., Mahmoud Q. H. Investigating Web Services on the World Wide Web. Proceedings of the 17th International Conference on World Wide Web, 2008.

[184] Petrushin V. A. Hidden Markov Models: Fundamentals and Applications. Online Symposium for Electronics Engineer, 2000.

[185] Eddy S. Hidden Markov Models. Current Opinion in Structural Bbiology, 1996, 6(3):361.

[186] Abreu R., Van Gemund A. J. C. A Low-Cost Approximate Minimal Hitting Set Algorithm and its Application to Model-Based Diagnosis. Symposium on Abstraction, Reformulation and Approximation, 2009.

[187] Vaquero L. M., Rodero-Merino L., Caceres J., et al. A Break in the Clouds: Towards a Cloud Definition. SIGCOMM Computer Communication Review, 2008, 39(1):50-55.

［188］Höfer C. N. ,Karagiannis G. Cloud Computing Services: Taxonomy and Comparison. Journal of Internet Services and Applications, 2011, 2(2):81-94.

［189］Mell P. , Grance T. The NIST Definition of Cloud Computing. Communications of the ACM, 2009, 53(6):50.

［190］Zubarev J. ,President M. ,Alliances P. The Cloud Services Opportunity. Pipeline, 2011, 7(9):1-4.

［191］Wei Y. ,Blake M. B. Service-Oriented Computing and Cloud Computing: Challenges and Opportunities. IEEE Internet Computing, 2010, 14 (6):72-75.

［192］Xu X. From Cloud Computing to Cloud Manufacturing. Robotics and Computer-Integrated Manufacturing, 2012, 28(1):75-86.

［193］Armbrust M. ,Fox A. ,Griffith R. ,et al. A View of Cloud Computing. Communications of the ACM, 2010, 53(4):50-58.

［194］Juhnke E. , Dornemann T. , Freisleben B. Fault-Tolerant BPEL Workflow Execution via Cloud-Aware Recovery Policies. 35th Euromicro Conference on Software Engineering and Advanced Applications (SEAA'09), 2009.

［195］Du J. , Wei W. ,Gu X. ,et al. RunTest: Assuring Integrity of Dataflow Processing in Cloud Computing Infrastructures. Proceedings of the 5th ACM Symposium on Information, Computer and Communications Security (ASIACCS), 2010.

［196］Jhawar R. ,Piuri V. Fault Tolerance Management in IaaS Clouds. 2012 IEEE 1st AESS European Conference on Satellite Telecommunications (ESTEL 2012), 2012.

［197］Motahari-Nezhad H. R. ,Stephenson B. ,Singhal S. Outsourcing Business to Cloud Computing Services: Opportunities and Challenges. HP Laboratories, 2009, HPL-2009-23):1-16.

[198] Baah G. K. ,Podgurski A. ,Harrold M. J. The Probabilistic Program Dependence Graph and Its Application to Fault Diagnosis. IEEE Transactions on Software Engineering, 2010, 36(4):528-545.

[199] Harrold M. J. ,Jones J. A. ,Rothermel G. Empirical Studies of Control Dependence Graph Size for C Programs. Empirical Software Engineering, 1998, 3(2):203-211.

[200] Song W. , Ma X. , Cheung S. C. , et al. Refactoring and Publishing WS-BPEL Processes to Obtain More Partners. 2011 IEEE International Conference on Web Services (ICWS), 2011.

[201] 王洪达,邢建春,宋巍,等. 基于程序依赖图的静态 BPEL 程序切片技术. 计算机应用, 2012, 32(8):2338-2341.

[202] Yu K. , Lin M. , Gao Q. , et al. Locating Faults using Multiple Spectra-specific Models. Proceedings of the 2011 ACM Symposium on Applied Computing, 2011.

[203] Jones J. A. , Harrold M. J. Empirical Evaluation of the Tarantula Automatic Fault-localization Technique. Proceedings of the 20th IEEE/ACM International Conference on Automated Software Engineering, 2005.

[204] Yu Y. ,Jones J. A. ,Harrold M. J. An Empirical Study of the Effects of Test-suite Reduction on Fault Localization. ACM/IEEE 30th International Conference on Software Engineering (ICSE'08), 2008.

[205] Abreu R. , Zoeteweij P. , Golsteijn R. , et al. A Practical Evaluation of Spectrum-based Fault Localization. Journal of Systems and Software, 2009, 82(11):1780-1792.

缩略词表

API	Application Program Interface	应用程序接口
AS	Application Server	应用服务器
B/S	Browser/Server	浏览器/服务器
BPEL	Business Process Execution Language	业务流程执行语言
BPEL4WS	Business Process Execution Language of Web Services	Web 服务的业务流程执行语言
BTP	Business Transaction Protocol	商业交易协议
CA	Coordinator Agent	协调代理
CBSD	Componen-Based Software Development	基于构件的软件开发方法
CCS	Calculus of Communicating Systems	通信系统演算
COM	Component Object Model	构件对象模型
CORBA	Common Object Request Broker Acrhitecture	通用对象请求代理体系结构
CPU	Central Processing Unit	中央处理器
CSP	Communicating Sequential Processes	通信顺序进程
CSS	Cascading Style Sheet	串联样式表
CTL	Computation Tree Logic	计算树逻辑
DAML-S	DARPA Agent Markup Language-Services	DARPA 代理标记语言服务
DCOM	Distributed Component Object Model	分布式构件对象模型
DES	Discrete Event System	离散事件系统

DF	Directory File	目录文件
DNA	Digital Network Architecture	数字网络体系
DTD	Document Type Definition	文档类型定义
EDFA	Extended Deterministic Finite Automata	扩展确定有限自动机
EDI	Electronic Data Interchange	电子数据交换
EJB	Enterprise Java Bean	企业 Java 组件
ESB	Enterprise Service Bus	企业服务总线
FO	Formatter Object	格式化对象
FTP	File Transfer Protocol	文件传送协议
HP	Hewlett-Packard	惠普
HTML	Hypertext Markup Language	超文本标记语言
HTTP	Hyper Text Transfer Protocol	超文本传送协议
IaaS	Infrastructure-as-a-Service	基础设施服务
IT	Information Technology	信息技术
J2EE	Java 2 Platform, Enterprise Edition	Java 2 平台,企业版
JADE	Java Agent Development Framework	Java 代理开发框架
JMS	Jave Message Service	Java 消息服务
KPI	Key Performance Indicator	关键业绩指标
LTS	Labeled Transition System	标记变迁系统
LTSA	Labeled Transition System Analyzer	标记变迁系统分析器
NIST	National Institute of Standards and Technology	美国国家标准及技术协会
OASIS	Organization for the Advancement of Structure Information Standards	结构信息标准化促进组织
OGSA	Open Grid Services Architecture	开放网络服务结构
OIL	Ontology Inference Layer	本体推理层
OWL	Web Ontology Language	Web 本体语言
OWL-S	Ontology Web Language-Services	Web 服务的本体语言
PaaS	Platform-as-a-Servic	平台即服务

续表

PC	Personal Computer	个人计算机
QoS	Quality of Service	服务质量
RDF	Resource Description Framework	资源描述框架
RMI	Romote Method Invocation	远程方法调用
RPC	Romote Procedure Call	远程过程调用
SaaS	Software as a Service	软件即服务
SCA	Service Component Architecture	服务构件架构
SDO	Service Data Objects	服务数据对象
SGML	Standard General Markup Language	标准通用标记语言
SMTP	Simpl Mail Transfer Protocol	简单邮件传送协议
SOA	Service-Oriented Architecture	面向服务的体系结构
SOAP	Simple Object Access Protocol	简单对象访问协议
SOC	Service-Oriented Computing	面向服务的计算
SPIN	Simple Promela Interpreter	简单进程元语言解释器
SRI	Stanford Research Institute	斯坦福研究所
TCP/IP	Transmission Control Protocol/Internet Protocol	传输控制协议/互联网协议
TF-IDF	Term Frequence-Inverse Document Frequence	词频-反文档频率
UCDL	Universal Component Description Language	通用构件描述语言
UDDI	Universal Description，Discovery and Integration	通用描述、发现与集成
UI	User Interface	用户界面
URI	Universal Resource Identifier	统一资源标识符
URL	Uniform Resource Locater	统一资源定位符
VAN	Value Added Network	增值网
W3C	World Wide Web Consortium	万维网联盟
WDDX	Web Distributed Data Exchange	Web 分布式数据交换
WS-CAF	Web Services Composite Application Framework	Web 服务组合应用框架
WSCE	Web Services Crawler Engine	Web 服务爬虫引擎
WSCI	Web Services Choreography Interface	Web 服务编排接口

续表

WSDL	Web Services Description Language	Web 服务描述语言
WSFL	Web Services Flow Language	Web 服务流语言
WS-I	Web Services Interoperability Organization	Web 服务互操作性组织
WS-Policy	Web Services Policy Framework	Web 服务策略框架
XML	eXtensible Markup Language	可扩展标记语言
XSD	XML Schema Definition	XML Schema 定义
XSL	eXtensible Stylesheet Language	可扩展样式表语言
XSLT	eXtensible Stylesheet Language Transformation	扩展样式表转换语言

索　引